TRAICTE
D'ALGEBRE,

Par D. HENRION *Mathemat.*

A PARIS,

M. DC. XX.

TRAICTÉ
D'ALGEBRE.

Que c'est qu'Algebre, qui en est l'inuenteur, de quelles figures &
caracteres on se sert en icelle, & leur signification.

CHAPITRE I.

ALGEBRE est vne Arithmetique de nombres fi-
gurez ; ou bien parlant plus intelligiblemēt, c'est
vne science par laquelle on peut rendre manifeste & cogneuë en nombre vne quantité incog-
neuë, moyennant vne égalité trouuée entre
deux nombres par certaines inductions & conse-
quences tirées de la position d'icelle quantité,
comme desia trouuée : bref l'Algebre est vne doctrine qui enseigne
à bien & parfaictement nombrer.

Quant à l'inuenteur de ceste science, il est incertain ; car les vns
l'attribuent à Geber Arabe, les autres à vn Mahomet, fils de Moyse
Arabe, & les autres à Diophante d'Alexandrie.

Et quant aux figures d'icelle science (outre les elements & figures numerales de l'Arithmetique vulgaire) il y a plusieurs autres figures & caracteres, dont on se sert en ceste science, lesquels sont fi-
gurez, & nommez diuersement par les autheurs qui ont escrit d'i-
celle science : mais entre ceste diuersité de caracteres, nous auons
choisi les suiuans, les iugeant plus propres & aisez à representer ce
qu'ils signifient qu'aucuns autres.

N. ℞. *q.* *c.* *qq.* *ß.* *qc.* *bß.* *qqq.* *cc.* *qß.* *cß.* *qqc.* *dß.* *qbß.* &c.

Le premier caractere N, a l'appellation du nombre absolu & sim-

A

ple; tellement que le nombre auquel ledit caractere sera apposé, est abfolu & fimple : comme 4 N. ne fignifie autre chofe que quatre vnitez fimples : toutesfois ce caractere N. defaut le plus fouuent aux nombres fimples; c'eft pourquoy les nombres aufquels eft appofé ledit caractere N. ou bien aufquels il n'y a aucun figne, doiuent eftre pris pour fimples & abfolus.

Le fecond caractere ℞. au lieu duquel plufieurs vfent de ceftuy-cy ℞, s'appelle racine; tellement que le nombre auquel eft apposé l'vn ou l'autre caractere, fera denommé par racine, comme 7 ℞. fignifient 7 racines, & 14 ℞. denottent 14 racines.

Le troifiefme caractere q. reprefente quarré; tellement que 5 q. fignifient 5 quarrez, & 14 q. denottent 14 quarrez.

Le quatriefme caractere c. au lieu duquel plufieurs vfent de ceftuy-cy c, fignifie cube; comme 7 c. fignifient 7 cubes, & 12 c denottent 12 cubes.

Le 5ᵉ caractere qq. fignifie quarré de quarré; comme 8 qq. s'appellent 8 quarrez de quarré, & 17 qq. denottent 17 quarrez de quarré.

Le fixiefme β. denotte furfolide : tellement que 4 β. fignifient 4 furfolides : quelques Italiens appellẽt cecy relate premier, & le marquent ainfi 4 Rel.P.

Le feptiefme caractere qc. au lieu duquel quelques-vns vfent de ceftuy qc. denotte quarré de cube, comme 7 qc. fignifient 7 quarrez de cube, & 10 qc. fignifient 10 quarrez de cube.

Le huictiefme bβ. s'appelle fecond furfolide; tellement que 4 bβ. fignifient 4 fecond furfolide : les Italiens l'appellent relate fecond, & le marquent ainfi 4 Rel.2.

Le neufiefme caractere qqq. denotte quarré quarré de quarré, comme 3 qqq. fignifient 3 quarrez de quarré de quarré, & 12 qqq. denottent 12 quarrez de quarré de quarré.

Mais le dixiefme caractere cc. au lieu duquel plufieurs pofent cc. fignifie cube de cube; tellement que 8 cc. fignifient 8 cubes de cube, & 15 cc. denottent 15 cubes de cube : Et ainfi faut-il entendre des autres caracteres en l'ordre cy-deffus, tous lefquels font appellez fignes ou caracteres coffiques.

Il y encore ce caractere ν. par lequel font notez certains nombres qu'on appelle radicaux, irradicaux, ou fourds, dont fera parlé cy apres; comme auffi de quelques autres fignes ou caracteres.

Des nombres coßiques ou denommez.

CHAP. II.

LES nombres vsitez en l'Algebre sont de trois genres: Ceux du premier genre sont nommez nombres coßiques ou de-nommez: ceux du second sont appellez nombres radicaux, ou ir-rationaux; & les troisiesmes sont nommez nombres radicaux cos-siques. Quant aux nombres coßiques ou denommez, ce sont tous nombres de quelconque progreßion Geometrique, commençant à l'vnité; pour l'intelligence desquels doiuent estre diligemment considereés les deux progreßions suiuantes, au milieu desquelles sont posez les caracteres coßiques cy-dessus declarez.

0.	1.	2.	3.	4.	5.	6.	7.	8.	9.	10.	11.	12.	&c.
N.	℞.	q.	c.	qq.	ß.	qc.	bß.	qqq.	cc.	qß.	cß.	qqc.	&c.
1.	2.	4.	8.	16.	32.	64.	128.	256.	512.	1024.	2048.	4096.	&c

Le premier ordre est la progreßion naturelle des nombres, com-mençant à 0, lesquels s'appellent exposans, tant des signes coßi-ques descrits au dessouz, que des termes de la progr. Geom. com-mençāt à l'vnité; tellemēt que le premier terme de lad. progreßion naturelle, qui est 0, au dessouz duquel est N & 1, est exposāt du nōbre simple & absolu: Le second terme 1, au dessouz duquel est ℞ & 2, monstre le second terme de la progreßion naturelle, estre la pre-miere denomination és nombres coßiques, & s'appelle racine: Le tiers terme 2, expose que le tiers nombre de la progreßion Geo-metrique, est la seconde denomination, & s'appelle quarré; ainsi pareillement 6, demonstre la sixiesme denomination estre le nom-bre quarré de cube, & ainsi des autres.

Puis apres, les mesmes nombres exposans de la progreßion natu-relle des nombres, enseignent combien il y a de raisons entre cha-cun nombre de la progreßion Geometrique, & l'vnité, comme 1, qui est au dessus de ℞ & 2, signifie qu'entre 2, ou bien la racine de la progreßion Geometrique, & l'vnité, il y a la seule raison de 2 à 1: Et 2, qui est au dessus de q & 4, monstre qu'entre 4, ou bien le quar-ré & l'vnité, doiuent estre deux raisons, comme 4 à 2, & 2 à 1: de

mefme 3, qui eft au deffus de *c* & 8, monftre qu'entre le cube, ou 8 &
l'vnité, font les trois raifons 8 à 4, 4 à 2, & 2 à 1, & ainfi des autres.

D'auâtage, chaque deux nombres expofans multipliez entr'eux,
produifent l'expofant du caractere coffique, qui fera compofé des
caracteres defdits deux expofans multipliez entr'eux, comme 2
eftant multiplié par 3, fait 6, expofant du caractere *qc.* qui eft compofé de *q.* & de *c*: De mefme, 4 eftant multiplié par 3, fait 12, expofant du caractere *qqc*, qui eft compofé de *qq*, & de *c*, & ainfi des
autres.

Pareillement, eftant diuisé quelque nombre expofant par vn
autre moindre, le quotient monftrera (s'il eft nombre entier) l'expofant du caractere coffique qui reftera, fi du caractere du nombre
expofant diuisé, eft ofté le caractere du nombre expofant, par lequel eft fait la diuifion: comme fi 6, expofant du caractere *qc.* eft
diuisé par 2, expofant du caractere *q.* le quotient fera 3, expofant
du caractere *c.* qui reftera fi du caractere *qc.* expofant de 6, eft ofté
2 expofant du caractere *q*: De mefme, fi 12, nombre expofant
du caractere *qqc.* eft diuisé par 4, expofant du caractere *qq.* le quotient fera 3, expofant du caractere *c.* lequel reftera fi de *qqc.* eft ofté
qq. & ainfi des autres.

Derechef, cefte figure 2, qui eft posée fur 4 & *q.* enfeigne que le
quarré, ou bien la feconde denomination, eft produicte de la multiplication de la racine deux fois posée: car fi la racine 2 eft posée
deux fois en cefte maniere 2.2. & foit faite la multiplication de 2
par 2, fera procreé le quarré 4. En la mefme maniere cefte figure 3,
qui eft posée fur 8 & *c.* fignifie le cube, ou bien la troifiefme denomination, eftre produicte de la racine, trois fois posée & multipliée:
car fi la racine 2 eft posée trois fois, comme icy 2.2.2. & foit fait la
multiplication de 2 par 2; & du nombre produict d'iceux par 2,
viendra le cube 8, & y a mefme raifon de tous les autres.

Or par ces chofes feront facilement definis les nombres coffiques: Car fi pour exemple eft demandé que c'eft qu'vn nombre fecond furfolide, nous dirons eftre vn nombre, lequel eft engendré
par quelque nombre fept fois posé & multiplié; comme 128 eft
engendré de la multiplication de cefte racine 2, posée fept fois en
cefte maniere 2.2.2.2.2.2.2. Semblablement le quarré de quarré fera
vn nombre, lequel eft engendré par quelque nombre quatre fois

posé & multiplié ; comme 16 est procreé de la multiplication de la racine 2, quatre fois posée ainsi 2.2.2.2. & ainsi des autres. Mais tousiours le nombre tant de fois posé, lequel engendre quelque nombre par sa multiplication, est dit racine du nombre produict ; comme 2 estant posé six fois en ceste maniere 2.2.2.2.2.2. & multiplié, fait ce nombre 64, qui est qc. partant 2 est dit racine quarrée cubique de ce nombre 64, & ainsi faut-il entendre des autres.

Or non seulement sont quelquesfois produicts les nombres de la progression Geometrique, posez par la multiplication de la racine, comme est cy-dessus dit, mais aussi par la multiplication des autres nombres entr'eux, ainsi que les signes cossiques d'iceux demonstrent ; comme ce nombre quarré de sursolide 1024. est procreé de la racine dix fois posée en ceste maniere 2.2.2.2.2.2.2.2.2.2. ainsi que monstre son exposant 10 : toutesfois pource que son signe cossique qß. est composé de ces deux signes cossiques q & ß, les exposans desquels sont 2 & 5. si la mesme racine 2 est deux fois posée en ceste maniere 2.2. à cause de 2 exposant du signe q, & puis soit multipliée, afin que 4 soit produict ; & ce produict cinq fois posé en ceste maniere 4.4.4.4.4. à cause de 5, exposant du signe ß, soit multiplié, sera procreé le mesme nombre 1024. Par la mesme maniere, si la racine 2 est posée cinq fois, à cause du signe ß, & pareillement multipliée ; & le nombre 32 produict soit posé deux fois, à cause du signe q, sera procreé le mesme nombre : car la racine ainsi posée 2.2.2.2.2. & multipliée, fait 32 : mais ce nombre cy 32, posé deux fois ainsi 32.32. & multiplié, procree 1024. Le mesme doit estre dict des autres, si les signes cossiques d'iceux sont composez de plusieurs signes cossiques.

Pareillement és superieures progressions, est bien considerable que l'addition des nombres de la progression Arithmetique, respōd à la multiplication des nombres de la progression Geometrique, & la substraction à la diuision : Car pour exemple, ainsi que 2 & 5 font 7, si on les adiouste ensemble, ainsi pareillement q & ß, desquels 2 & 5 font exposans, c'est à sçauoir 4 & 32, estans multipliez entr'eux produisent 128, c'est à dire bß, l'exposant duquel est 7. Item, ainsi que 3 & 9 adioustez ensemble font 12, ainsi aussi c & cc, c'est à sçauoir 8 & 512, les exposans desquels sont 3 & 9, multipliez entr'eux produisent 4096, c'est à dire qqc. duquel l'exposant est 12, & ainsi des autres.

A iij

Derechef, tout ainſi qu'en ſubſtrayant 5 de 7, reſte 2, ainſi en diuiſant _bſ_, c'eſt à ſçauoir 128, duquel 7 eſt expoſant par _ſ_, c'eſt à dire par 32, duquel l'expoſant eſt 5, prouient 4, c'eſt à ſçauoir _q_, duquel l'expoſant eſt 2. Semblablement, ainſi qu'en ſouſtrayant 3 de 12, reſtent 9, ainſi auſſi en diuiſant _qqc_, c'eſt à dire 4096, duquel l'expoſant eſt 12 par _c_, c'eſt à dire par 8, duquel l'expoſant eſt 3, prouiẽt _cc_, c'eſt à ſçauoir 512, duquel l'expoſant eſt 9, & ainſi des autres.

Or ce qui a eſté dict iuſques à preſent de la progreſſion Geometrique de raiſon double, qui commẽce à l'vnité, le meſme doit eſtre entendu en quelqué autre progreſſion Geometrique que ce ſoit, le commencement de laquelle eſt l'vnité.

Reſte à monſtrer par quelle raiſon tous les nombres propoſez de quelconque progreſſion Geometrique commençant à l'vnité, doiuent eſtre denommez, ou (ce qui eſt le meſme) quels ſignes coſſiques doiuent eſtre attribuez & inſcrits auſdits nombres : ce que nous monſtrerons facilement, ſi premierement nous denommons les nombres, deſquels les expoſans ſont nombres premiers, de laquelle ſorte ſont les ſuiuans, auec leurs caracteres coſſiques.

2. 3. 5. 7. 11. 13. 17. 19. 23. 29. 31. 37. 41. 43. 47. 53. 59. &c.
_q. c. ſ. bſ. cſ. dſ. eſ. fſ. g ſ. hſ. iſ. kſ. lſ. mſ. nſ. oſ. pſ._ &c.

Or qu'à ces expoſans & nombres premiers correſpondent les ſignes & caracteres coſſiques y ſoubſcrits, il eſt manifeſte : Car veu qu'en toute progreſſion Geometrique le troiſieſme nombre depuis l'vnité eſt quarré par la 8.p.9. ſon ſigne ſera _q_. duquel l'expoſant eſt 2. Derechef, puis que le quatrieſme nombre depuis l'vnité eſt cube, comme il appert de la ſuſdite propoſition d'Euclide, ſon caractere ſera _c_, dont 3 eſt expoſant. Puis-apres, parce que le ſixieſme nombre depuis l'vnité, duquel eſt expoſant le nombre premier 5, n'eſt pas quarré, ny cube, ſinon lors que le ſecond nombre depuis l'vnité eſt quarré, ou cube, comme il eſt demonſtré en la 10 prop. 9. il appert qu'à iceluy nombre doit eſtre ſoubſcrit ce caractere _ſ_, & eſt appellé ſurſolide. Et d'autant que le meſme aduient en tous les autres nombres, deſquels les expoſans ſont nombres premiers ; tellement qu'ils ne ſont ny quarrez, ny cubes, le premier depuis l'vnité, n'eſtant quarré, ny cube ; pareillement ces nombres là de la progreſſion

Geometrique,qui ont leurs expofans nombres premiers,font appellez furfolides ; tellement que celuy,dont 7 eft expofant, eft dict
fecond furfolide,& celuy de 11, troifiefme furfolide,& ainfi des autres. Mais eft à notter,que les lettres de l'alphabet appofées aux ca-
racteres de β, font au lieu de chiffres,comme $b\beta$. fignifie 2β; $c\beta,3\beta$;
$d\beta,4\beta$.&c. & ce d'autant qu'iceux chiffres apporteroient de la con-
fufion.

Sçachant donc ainfi que deffus les nombres premiers,& leur caracteres,nous trouuerons les caracteres des autres nombres coffiques,defquels les expofans ne font nombres premiers,ains compofez,en refoluant l'expofant du nombre compofé,dont la denomination & caractere eft defirée en fes parties aliquottes incompo-
sées,lefquelles eftans multipliées par ordre entr'elles,conftituent &
produifent iceluy : ce que vous ferez en cefte maniere.

Diuifez premierement le nombre compofé donné par le moindre nombre premier,par lequel il fe peut diuifer,femblablement le
quotient,s'il eft nombre compofé,& derechef foit diuisé ce quotient par le moindre nombre, & ainfi confequemment foit faite
continuellement la diuifion,iufques à ce que le quotient foit nombre premier,c'eft affauoir n'ayant aucune partie aliquotte ; & tous
les diuifeurs,enfemble le dernier quotient,feront parties aliquottes
incompofées,lefquelles eftans multipliées par ordre entr'elles,pro-
duiront le nombre compofé donné,& les caracteres de chacunes
d'icelles parties aliquottes ioinctes enfemble, feront le caractere
dudit nombre compofé donné. Comme pour exemple, fi vous
voulez trouuer le caractere de ce nombre compofé 24,vous diuiferez iceluy par 2,qui eft le moindre nombre premier,& viendra 12
au quotient,lequel quotient vous diuiferez derechef par 2, & viendra 6 au quotient,que vous diui erez encore derechef par 2,& viendra 5 au quotient,qui eft nombre premier: tellement que vous au-
rez pour les parties incompofées de 24,ces quatre nombres 2,2,2,3,
dont les caracteres font $qqqc$. & partant le caractere appartenant à
ce nombre compofé 24 fera $qqqc$. Et ceft expofant 30, (duquel
les parties incompofées font 2,3,5,) fera ce figne $qc\beta$, & ainfi des
autres.

On fera encore la mefme chofe , prenant deux quelconques
nombres,qui multipliez entr'eux,produifent le nombre expofant

proposé : car les signes cossiques d'iceux composent le signe cossi̇
que dudit nombre exposant proposé : Comme 3 & 4, desquels les
signes cossiques sont *c*. & *q*. multipliez entr'eux produisent 12, dont
le signe cossique sera *qqc*.

Or le contraire de ce que dessus, se fera rendant à chasque caractere incomposé son exposant; puis multipliant iceux exposans ensemble : Comme pour exemple, si nous voulons auoir l'exposant
de *qqc*. nous rendrons à chasque caractere son exposant particulier,
c'est à sçauoir 2,2,3, lesquels multipliez ensemble font 12, qui sera
l'exposant dudit signe cossique *qqc*. & ainsi faut-il entendre des
autres.

De la numeration des nombres cossiques.

C H A P.   III.

LA numeration des nombres cossiques est facile, les choses cy-
deuant dites estans bien entenduës : Car quand ils sont posez
seuls, comme 5 ℞, ou 8 *q*, ou 20 *c*. &c. ils s'expriment ainsi, 5 racines,
ou 8 quarrez, ou 20 cubes, &c. mais quãd ils sont proposez conioints
entr'eux par ce signe ⊹ au milieu, ou par celuy-cy —; comme 5 ℞ ⊹
8 *q* ; ou 8 *q* — 5 ℞; ou 20 *c* ⊹ 8 *q* — 5 ; lesquels deux signes ⊹ & — ont
leur signification contraire : car cestuy-cy ⊹, est dit signe d'adiouster, & signifie plus ; mais celuy-cy —, est appellé signe de soustraire,
& denotte moins ; & les nombres ausquels est interposé le signe ⊹,
sont dicts composez ; mais ceux ausquels interuient le signe —, sont
nommez diminuez : & finablement ceux ausquels l'vn & l'autre signe est interposé, sont appellez mixtes, iaçoit que tous pourroient
estre dits composez : Partant donc ce composé 5 ℞ ⊹ 8 *q*. s'expri-
me 5 racines plus 8 quarrez ; mais ce diminué 8 *q* — 5 ℞; 8 quarrez
moins 5 racines : & ce mixte cy 20 *c* ⊹ 8 *q* — 5 ; 20 cubes plus 8 quarrez moins 5 vnitez : car comme il a esté dict, le nombre qui n'a point
de caractere cossique apres soy, signifie vn nombre absolu composé d'vnitez.

Or ces signes ⊹ & —, sont tousiours referez aux nombres qui les
suiuent, & le nombre qui precede n'est à l'vn ny à l'autre desdits signes. Or le sens des nombres composez, diminuez, ou mixtes est
facile :

facile: car quand nous difons 5 ℞ + 8 q. nous entendons 5 racines
enfemble auec 8 quarrez, c'eft à dire 42 vnitez, fi la racine eft 2, & le
quarré 4. ainfi auffi quand nous difons 8 q — 5 ℞, nous entendons
que de 8 quarrez font oftez 5 racines, c'eft à dire que le nombre
propofé eft 22 vnitez, fi la racine eft 2, & le quarré 4. & le mefme
faut-il dire des autres.

De l'addition, & fouftraction des nombres coffiques.

CHAP. IIII.

QVand il faut adioufter vn nombre coffique à vn nombre coffique d'autre denomination ou caractere, l'addition fe fait
mettant ce figne + au milieu, & vient vn nombre compofé, comme ces deux nombres 6 ℞, & 8, adiouftez enfemble font 6 ℞ + 8. de
mefme 6 ℞ & 8 c, font 6 ℞ + 8 c, &c.

Mais quand il faut adioufter vn nombre coffique à vn autre
nombre coffique de mefme appellation ou caractere, les nombres
fe doiuent adioufter enfemble, & à la fomme d'iceux appofer le
mefme caractere coffique : comme ces nombres 4 q & 9 q adiouftez
enfemble font 13 q; de mefme 5 ℞ & 4 ℞, font 9 ℞.

Par mefme raifon, quand il faut fouftraire vn nombre coffique
d'vn nombre coffique d'autre denomination, la fouftraction fe fait
mettant ce figne — au milieu, & fait vn nombre diminué : Comme
pour exemple, ce nombre 6 ℞ eftant ofté de 8 q, reftent 8 q — 6 ℞ :
de mefme 12 eftans leuez de 6 ℞, reftent 6 ℞ — 12, &c.

Mais quand il faut fouftraire vn nombre coffique d'vn autre
nombre coffique de femblable caractere, on doit fouftraire le nombre du nombre, & au refte appofer le mefme caractere : comme 4
℞ oftées de 9 ℞, reftent 5 ℞; & 9 c, de 20 c, reftent 11 c. &c.

Mais quand il faut adioufter des nombres coffiques compofez,
diminuez, & mixtes, ou ofter l'vn de l'autre, il les faut pofer l'vn au
deffouz de l'autre : tellement que les nombres de mefme appellation fe refpondent entr'eux. Que fi en l'vn ou l'autre d'iceux n'eft
trouué vn nombre refpondant à quelqu'vn, fera pofé au lieu de fa
figure o, auec le figne + ; & eftans ainfi conftituez, feront adiouftez
les nombres de mefme appellation, ou oftez l'vn de l'autre, & les

fommes, ou nombres reftez, foufcrits en leurs propres lieux, auec les mefmes fignes + ou —, qui feront trouuez és nombres adiou-ftez, ou fouftraits.

Exemples de l'addition.

Bc.		N.
6	+	8
7	+	10
13	+	18

q.		Bc.		N.
7	+	8	—	5
3	+	9	—	8
10	+	17	—	13

c.		N.		q.
7	+	8	—	3
4	+	11	—	5
11	+	19	—	8

c.		q.		Bc.		N.
4	+	11	+	0	—	6
3	+	0	+	8	—	4
7	±	11	±	8	—	10

ß.		qq.		Bc.		N.		q.
7	+	0	+	8	—	5	+	4
4	+	9	+	6	—	9	+	0
11	+	9	+	14	—	14	+	4

Exemples de la fouftraction.

c.		q.		Bc.		N.
7	+	11	+	8	—	10
3	+	0	+	8	—	4
4	+	11	+	0	—	6

c.		N.		q.
11	+	19	—	8
4	+	11	—	5
7	+	8	—	3

ß.		qq.		Bc.		N.		q.
11	+	9	+	14	—	14	+	4
7	+	0	+	8	—	5	+	4
4	+	9	+	6	—	9	+	0

q.		Bc.		N.
10	+	17	—	13
7	+	8	—	5
3	+	9	—	8

Quand il refte + 0, ou — 0, il n'en faut tenir compte, comme au premier exemple, où il refte 4 c, + 11 q, + 0 Bc, — 6 N, fera feulement 4 c, + 11 q, — 6.

Que fi en l'addition ou fouftraction, l'vn des nombres auoit le fi-gne +, & l'autre —, il faut changer d'efpece, c'eft à dire qu'en l'ad-dition il faut fouftraire le moindre du plus grand, & au nombre ref-tant donner le figne duquel a efté faite la fouftraction.

Exemples.

q.		Bç.
6	+	8
2	—	10
8	—	2

qc.		ß.		qq.		c.		Bç.		N.
7	+	0	+	8	+	0	—	4	+	8
7	+	5	—	11	—	11	+	0	+	0
14	+	5	—	3	—	11	—	4	+	8

Mais s'il falloit adiouſter ces deux nombres 12 c, + 6 q,— 8 Bç, + 7, & 3 q,— 2 c, + 12 Bç,— 9, il les faudroit poſer comme enſuit.

	c.		q.		Bç.		N.
+	12	+	6	—	8	+	7
—	2	—	3	+	12	—	9
	10	+	3	+	4	—	2

Et afin de rendre ceſte operation tant plus manifeſte, nous adiouſterons encore icy deux exemples en nombres abſolus.

10	+	4		10	—	4
8	—	3		8	+	3
18	+	1		18	—	1

Or au premier exemple, puiſque à 10 + 4, il ne faut pas adiouſter 8 entierement, ains 3 moins, il eſt manifeſte qu'ayant adiouſté tout ledit nombre 8 auec 10, & fait 18, iceluy nombre 18 contient 3 d'auantage qu'il ne faut; c'eſt pourquoy au lieu d'adiouſter maintenant 3 auec 4, il faut oſter 3 de 4, & reſtera encore 1 d'iceluy 4, qui partant aura le meſme ſigne qu'iceluy, c'eſt aſſauoir + : tellemēt que 10 + 4, c'eſt à dire 14, eſtant adiouſtez auec 8 — 3, c'eſt aſſauoir 5, font 18 + 1, c'eſt à dire 19.

Et quant au ſecond exemple, veu qu'adiouſtant premierement 8 & 10 enſemble, il vient 18, & neantmoins il n'y doit tant venir, à raiſon que 10 ne ſe doit adiouſter entierement, ains quatre moins : Il faut donc maintenant deſduire iceluy nombre 4 de ſon nombre correſpondant 3 : mais iceluy ayant faute d'vne vnité pour faire icelle déduction, il reſtera encore 1 à deſduire, qui aura meſme ſigne qu'iceluy 4; & partant on doit poſer 1 auec le ſigne — : tellement que 10 — 4, c'eſt à dire 6, adiouſtez auec 8 + 3, c'eſt à dire 11, font 18 — 1, c'eſt aſſauoir 17.

Mais en la ſouſtraction, il faut adiouſter les nombres enſemble, & donner à la ſomme le ſigne du nombre ſuperieur, duquel doit eſtre faite la ſouſtraction.

Exemples.

q.	R₵.	qc.	ß.	qq.	c.	R₵.	N.
8	— 2	14	+ 5	— 3	— 11	— 4	+ 8
6	+ 8	7	+ 0	+ 8	+ 0	— 4	+ 8
2	— 10	7	+ 5	— 11	— 11	— 0	+ 0

Adiouſtons encore icy deux exemples en nombres abſolus, afin de rendre ceſte operation plus manifeſte & éuidente.

12 + 7		32 — 5
8 — 5		8 + 7
4 + 12		24 — 12

Or au premier exemple, veu que de 12 + 7 on ne veut pas ſouſtraire 8 entierement, mais 5 moins, iceluy nombre 8 eſtant tout ſouſtrait de 12, ſont oſtez 5 plus qu'il ne faut, pour leſquels reſtituer il faut adiouſter 5 à 7, au lieu de les ſouſtraire, & notter la ſomme 12 par le ſigne +, qui eſt le meſme que celuy par lequel eſt notté le nombre ſuperieur 7 : tellement que ſi de 12 + 7, c'eſt à dire de 19, on oſte 8 — 5, c'eſt à dire 3, reſteront 4 + 12, c'eſt à dire 16. Et quãt à l'autre exemple, veu qu'en oſtant 8 de 32, reſtent 24, & que d'iceluy nombre 32 eſtoient deſia oſtez 5, il s'enſuit qu'iceluy reſte 24 contient 5 plus qu'il ne doit, & dauantage il y a encore 7 à oſter ; & partant ce ſont 12, qui doiuent eſtre leuez deſdits 24 ; c'eſt pourquoy il faut poſer iceluy nombre 12 auec le ſigne —, qui eſt le meſme que celuy par lequel eſt notté le nombre ſuperieur 5 : tellement qu'ayant oſté 8 + 7, c'eſt à dire 15 de 32 — 5, c'eſt à dire 27, reſteront encore 24 — 12, c'eſt à dire 12.

Que s'il aduenoit qu'aux deux nombres de la ſouſtraction fuſſent meſme ſigne, & que le nombre à ſouſtraire fuſt plus grand que ce-

luy duquel il faut fouftraire, il faudroit fouftraire le moindre nombre du plus grand, & au refte donner le figne contraire, comme il
appert és exemples fuiuans.

c.	℞.		q.	℞.	N.		c.	q.	N.
6 +-	8		9 +-	4 —	5		6 —	5 +-	3
2 +-	10		4 +-	7 —	8		7 —	9 +-	10
4 —	2		5 —	3 +-	3		— 1 +-	4 —	7

Et d'autant que le figne — n'eft pas bien difpofé au premier
nombre, le refte du dernier exēple doit eftre pofé ainfi, 4q — 1c — 7.

Adiouftons auffi icy deux exemples en nombres abfolus, afin de
rendre cefte operation tant plus manifefte & éuidente.

12 +-	5 —	7		20 —	6 +-	2
4 +-	8 —	9		12 —	8 +-	5
8 —	3 +-	2		8 +-	2 —	3

Au premier exemple, il eft manifefte que fi de 12 +- 5 — 7, c'eft à
dire 10, on ofte 4 +- 8 — 9, c'eft à dire 3, refteront 8 — 3 +- 2, c'eft à
dire 7 : Et en l'autre exemple, ayant ofté 12 — 8 +- 5, c'eft à dire 9, de
20 — 6 +- 2, c'eft à dire 16, reftent 8 +- 2 — 3, c'eft à dire 7.

Or tous les preceptes de l'addition & fouftraction enfeignez cy-
deffus, au regard des fignes +- & —, peuuent eftre retenus en memoire par les deux regles fuiuantes.

1. *A mefmes fignes on doit pofer le mefme figne, finon en la fouftra-
Ction, quand les nombres font pofez à rebours; car alors le fuperieur eft
fouftrait de l'inferieur, & de +- eft fait —; mais de — eft fait +-.*
2. *Les fignes diuers changent l'efpece de l'operation: & en l'addition eft
pofé le figne du plus grand nombre: mais en la fouftraction eft pofé le figne du nombre fuperieur.*

Quant à la preuue de l'addition & fouftraction, elle fe fait en
deux manieres : pour la premiere, l'addition preuue la fouftraction,
& la fouftraction l'addition, tout ainfi qu'on fait és nombres abfolus.

Exemples de la preuue des trois dernieres additions & soustractions en nombres cossiques.

```
q.    ℞.    qc.    ß.    qq.    c.    ℞.    N.     q.    ℞.
8  —  2    14 + 5 — 3 — 11 — 4 + 8     + 3 + 4
2  — 10     7 + 5 — 11 — 11 + 0 + 0     — 3 + 12
─────────  ──────────────────────────  ──────────
6  +  8     7 + 0 + 8 + 0 — 4 + 8       6 — 8
```

Preuue de la soustraction.

```
c.    ℞.        q.    ℞4      N.          c.    q.    N.
4  —  2         5 — 3 + 3                 — 1 + 4 — 7
2  + 10         4 + 7 — 8                 + 7 — 9 + 10
────────       ──────────────           ──────────────
6  +  8         9 + 4 — 5                 6 — 5 + 3
```

Pour faire autrement ladicte preuue, il faut construire vne table auec quelques progressions Geometriques, commençant à l'vnité, comme il appert cy dessous.

N	℞	q.	c.	qq.	ß	qc.	bß	qqq.	cc.
1	2	4	8	16	32	64	128	256	512
1	3	9	27	81	243	729	2187	6561	19683
1	4	16	64	256	1024	4096	16384	65536	262144
1	$\frac{1}{2}$	$\frac{1}{4}$	$\frac{1}{8}$	$\frac{1}{16}$	$\frac{1}{32}$	$\frac{1}{64}$	$\frac{1}{128}$	$\frac{1}{256}$	$\frac{1}{512}$

Par apres il faut resoudre les nombres cossiques à adiouster selon aucunes d'icelles progressions en nombres absolus, puis les adiouster ensemble, ou soustraire l'vn de l'autre, selon les signes + ou —, & puis apres soient semblablement resouls les nombres cossiques de la somme recueillie; & si l'addition a esté bien faicte, lesdits nombres resouls de la somme recueillie, seront égaux aux nombres resouls à adiouster ensemble : Comme pour exemple, nous auons trouué cy deuāt que $6\ q + 8\ ℞$ adioustez auec $2\ q — 10\ ℞$, font $8\ q — 2\ ℞$: Pour en faire donc la preuue, nous resoudrons en nombres absolus les deux nombres à adiouster, sçauoir est $6\ q + 8\ ℞$, & $2\ q — 10$

℞:& prenant la refolution en la progreſſion dont la racine eſt 2, 6
q font 24,& 8 ℞ font 16,leſquels 24 & 16 ioincts enſemble, à cauſe
du ſigne + font 40: de meſme 2 q font 8,qui adiouſtez à 40 (car le
ſigne + eſt toufiours entendu eſtre au nombre qui n'a nul ſigne
appoſé) font 48 ; & 10 ℞ font 20,qui ſouſtrais de 48, à cauſe du ſigne —,reſtent 28 pour la ſomme de l'addition : & reſoluant 8 q — 2
℞,qui eſt la ſomme recueillie de l'addition,viendront auſſi 28 : &
partant l'addition a eſté bien faicte.

Quant à la preuue de la ſouſtraction , elle ſe faict en la meſme
maniere: car les nombres coſſiques d'icelles eſtans reduits en nombres abſolus,& les nombres à ſouſtraire eſtans adiouſtez aux reſtãs,
doiuent eſtre égaux aux nombres dont la ſouſtraction a eſté faicte :
Comme pour exemple, nous auons cy deuant trouué que 7 c — 9 q
+10 N. ſouſtrais de 6 c — 5 q + 3 N. laiſſent 4 q — 1 c —7 N. donc 7 c
— 9 q +10 N,reſouls en nombres abſolus ſelon la progreſſion dont
la racine eſt 3, font 118 ; & 4 q — 1 c — 7 , font 2, qui adiouſtez à 118,
font 120 ; & 6 c — 5 q + 3 N,font auſſi 120; partant la ſouſtraction a
eſté bien faicte.

De la multiplication & diuiſion des nombres coſſiques.

CHAP. V.

QVand vn nombre coſſique eſt multiplié,ou diuiſé par vn nõbre abſolu, le nombre produict a la meſme denomination
coſſique : Comme pour exemple, 4 ℞ ou 8 q. eſtans multipliez par
3,prouiennent 12 ℞ ou 24 q.&c. Item 12 q.ou 24 ℞.eſtans diuiſez par
4,viennent 3 q.ou 6 ℞.

Mais quand le nombre coſſique eſt multiplié,ou diuiſé par vn
nombre coſſique,le produict qui en vient eſt d'autre denomination,ſçauoir eſt de celle qui ſe faict des expoſans ioincts enſemble,
quant à la multiplication: Comme pour exemple, 4 ℞ multipliez
par 7 ℞ font 28 q. car l'vnité qui eſt expoſant de ce caractere coſſique ℞,eſtant adiouſté à l'vnité,faict 2, expoſant de ce caractere q.
Pareillement 4 ℞ multipliez par 5 q,font 20 c. car 1 eſt expoſant de
℞,& 2 de q,leſquels adiouſtez enſemble,font 3 expoſant de c : par
meſme raiſon 5 q multipliant 7 c,produiſēt 35 β ; & 4 ℞ multipliées par

4 c, donnent 16 qq. Et quant à la diuision, le quotient a la denomination du nombre reſtant, l'expoſant du diuiſeur eſtãt oſté de l'expoſant du diuiſé: Comme pour exemple, 36 qc, diuiſez par 4 qq.
le quotient eſt 9 q. Car 4, expoſant de qq eſtant oſté de 6, expoſant
de qc. reſte 2, expoſant de q. Ainſi auſſi 35 β eſtans diuiſez par 7 q, le
quotient ſera 5 c, car 2 expoſant de q. eſtãt oſté de 5, expoſant de β, reſtent 3 expoſant de c. & 18 qq. diuiſez par 3 c, viennent 6 ℞: & 8 q par
8 q, vient 1 N, &c.

Quand le nombre coſſique compoſé ou diminué, eſt multiplié
ou diuiſé par vn nombre abſolu ou coſſique, tant ſimple que compoſé ou diminué, outre ce qui eſt dit cy deſſus, il faut ſur tout auoir
égard aux ſignes + & —: Car quand les nombres ſe multiplians ou
diuiſans ont vn meſme ſigne, il faut appoſer au produict le ſigne +;
mais quand l'vn d'iceux eſt +, & l'autre —, il faut donner au produit le ſigne —. Ce qui eſt aiſé à retenir en memoire par la regle
ſuiuante.

Aux ſignes ſemblables faut poſer + ; mais aux diſſemblables faut poſer —.

Exemples de la multiplication.

$$7 q \;-\; 4 ℞.$$
$$9.$$
$$\overline{63 q \;-\; 36 ℞.}$$

$$7 q \;+\; 4 ℞.$$
$$9 N.$$
$$\overline{63 q \;+\; 36 ℞.}$$

$$7 q \;-\; 4 ℞.$$
$$9 ℞.$$
$$\overline{63 c \;-\; 36 q.}$$

$$8 q \;+\; 9.$$
$$8 q \;+\; 9.$$
$$\overline{72 q \;+\; 81.}$$
$$64 qq \;+\; 72 q$$
$$\overline{64 qq \;+\; 144 q \;+\; 81.}$$

$$8 q \;-\; 9.$$
$$8 q \;-\; 9.$$
$$\overline{-\;72 q \;+\; 81.}$$
$$64 qq \;-\; 72 q$$
$$\overline{64 qq \;-\; 144 q \;+\; 81.}$$

$$6 q \;+\; 8 ℞ \;-\; 6 N.$$
$$2 q \;-\; 4 N.$$
$$\overline{-24 q \;-\; 32 ℞ \;+\; 24 N.}$$
$$12 qq \;+\; 16 c \;-\; 12 q.$$
$$\overline{12 qq \;+\; 16 c \;-\; 36 q \;-\; 32 ℞ \;+\; 24 N.}$$

$$9 q \;+\; 8 N \;-\; 3 ℞.$$
$$7 c \;-\; 4 qq. \;-\; 8 q.$$
$$\overline{-72 qq \;-\; 64 q \;+\; 24 c.}$$
$$-36 qc \;-\; 32 qq \;+\; 12 β.$$
$$63 β \;+\; 56 c. \;-\; 21 qq.$$
$$\overline{-36 qc \;+\; 75 β \;-\; 125 qq \;+\; 80 c \;-\; 64 q.}$$

Et

Et d'autant que comme il a defia efté dict, le figne — n'eft bien au commencement, on doit colloquer le produict de ce dernier exemple ainfi.

$$75 \beta - 36 \, qc. - 125 \, qq. + 80 \, c - 64 \, q.$$

Or afin de rendre la verité de cefte operation tant plus manife-fte, nous adioufterons encore icy deux exemples en nombres ab-folus.

```
   8 — 2                        8 — 2
     5                          9 — 4
  ─────────                  ─────────
  40 — 10                    — 32 + 8
                          72 — 18
                          ─────────────
                          72 — 50 + 8
```

Au premier exemple, tu vois que multipliant 8 — 2, c'eft à dire 6 par 5, il vient 40 — 10, c'eft à dire 30, tout ainfi que fi la multiplication fe faifoit par les deux fimples nombres 6 & 5. Car multipliant 8 entierement, le nombre 40 qui en prouient contient autât de fois 5 plus qu'il ne doit, qu'il y a d'vnitez oftées par le figne —, c'eft à dire 2 fois 5, qui font 10, c'eft pourquoy venant à multiplier iceluy 2, fon produit 10 doit eftre notté du figne d'iceluy, qui eft —; & par ainfi de + en — eft faict —, comme nous auons dit cy def-fus.

Et au fecond exemple, il appert que multipliant 8 — 2, c'eft à dire 6 par 9 — 4, c'eft à dire par 5, prouiennent 72 — 50 + 8, c'eft à dire 30, qui eft le mefme nombre que fi on multiplioit le fimple nombre 6 du multiplicande par le fimple nombre 5 du multiplicateur. Par-quoy cefte maniere de multiplier en + & — eft autant certaine & veritable, que la fimple multiplication. Voyons donc maintenant ce qui touche la diuifion, nous fouuenant des regles & preceptes donnez cy deffus.

Exemples de la diuifion.

Diuifer $\chi \, \beta \, \mathcal{R} + 2 \, 4 \, [9 \, \mathcal{R} + 6$
par $\quad \mathcal{R} \qquad \mathcal{R}$

C

Plus $4 \cdot 5\, c \;+\; 3 \cdot 6\, q \;+\; 2 \cdot 7\, \text{R} \;[\; 5\, q \;+\; 4\, \text{R} \;+\; 3\, N$
par $\quad 9\, \text{R} \qquad\qquad 9\, \text{R} \qquad\qquad 9\, \text{R}$

$$\overset{4}{} \qquad \overset{3}{}$$

Plus $4 \cdot 5\, c \;+\; 3 \cdot 6\, q \;-\; 2 \cdot 7\, \text{R} \;[\; 5\tfrac{5}{8}\, q \;+\; 4\tfrac{7}{8}\, \text{R} \;-\; 3\tfrac{3}{8}\, N$
par $\quad 8\, \text{R} \qquad\qquad 8\, \text{R} \qquad\qquad 8\, \text{R}$

$$-\,4\,\phi$$

Plus $3\, \phi\, q \;-\; 5 \cdot 8\, \text{R} \;+\; z\, 4. \;[\; 6\, \text{R} \;-\; 8\, N.$
par $\quad 5\, \text{R} \;-\; 3\, N$
$\qquad\quad 5\, \text{R} \;-\; 3\, N.$

$$1 \quad z$$

Plus $1\, z\, qq \;+\; 1 \cdot 6\, c \;-\; 3 \cdot 6\, q \;-\; 3 \cdot z\, \text{R} \;+\; z\, 4\, N \;[\; 6\, q \;+\; 8\, \text{R} \;-\; 6\, N$
par $\quad z\, q \;+\; \phi\, \text{R} \;-\; 4\, N$
$\qquad\quad z\, q \;+\; \phi\, \text{R} \;-\; 4\, N.$
$\qquad\qquad z\, q \;+\; \phi\, \text{R} \;-\; 4\, N.$

$$-\,1 \quad +\,1$$

Plus $1\, c \;+\; \phi\, q \;+\; \phi\, \text{R} \;+\; 1 \;[\; 1\, q \;-\; 1\, \text{R} \;+\; 1.$
par $\quad 1\, \text{R} \;+\; 1$
$\qquad\quad 1\, \text{R} \;+\; 1$
$\qquad\qquad 1\, \text{R} \;+\; 1$

Et conuient notter qu'en toutes diuisions des nombres coffiques, les denominations doiuent eftre continuées d'ordre; & partant quand il y a quelque denomination de manque, il faut pofer
o au lieu d'icelle, comme il appert és deux precedentes exemples,
la derniere defquelles i'ay faict en cefte maniere: Premierement,
i'ay pofé le diuifeur $1\, \text{R} + 1$ au deffouz du diuidande $1\, c + 0\, q$, &
trouue que $1\, \text{R}$ eft en $1\, c$; $1\, q$ que ie pofe au quotient, & multiplie ledit $1\, q$ par mon diuifeur, & vient $1\, c + 1\, q$, que i'ofte de $1\, c + 0\, q$, & refte de tout le nombre à diuifer $-1\, q + 0\, \text{R} + 1$: puis apres i'aduan-
ce mon diuifeur fous $-1\, q + 0\, \text{R}$, & trouue qu'il y eft $-1\, \text{R}$, que ie
pofe au quotient, & multiplie ladite $1\, \text{R}$ par ledit diuifeur, & vient
$-1\, q - 1\, \text{R}$, que ie fouftrais de $-1\, q + 0\, \text{R}$, & refte de tout le nombre
à diuifer $1\, \text{R} + 1$, fous lequel ie pofe le diuifeur, & trouue qu'il y eft

1 N precifément. Et tout ainfi qu'aux trois regles precedentes nous
auons adioufté des exemples en nombres abfolus, pour rendre
leurs operations tant plus manifeftes, auffi ferons-nous en cefte-cy.

$$-3z$$
$$7z - 5\phi + 8 \quad [9 - 4$$
$$8 - z$$
$$\overline{\quad 8 - z \quad}$$

$$4\phi$$
$$7\phi - 2\phi - 8 \quad [7 - 4$$
$$1\phi + z$$
$$\overline{\quad 1\phi + z \quad}$$

Au premier exemple, tu vois que diuifant 72 — 50 + 8, c'eft à dire 30 par 8 — 2, c'eft affauoir par 6, viennent au quotient 9 — 4, c'eft
à dire 5, qui eft le mefme nombre que fi on diuifoit le fimple nombre 36 par le fimple diuifeur 6. Mais au fecond exemple, eftans diuifez 70 — 26 — 8, c'eft à dire 36 par 10 + 2, c'eft à dire 12, viennent au
quotient 7 — 4, c'eft à dire 3, tout ainfi que fi la diuifion fe faifoit
par les fimples nombres 36 & 12.

Or quand le diuifeur eft nombre compofé ou diminué, & qu'il
ne peut diuifer precifément, alors il faut feulement interpofer vne
ligne entre deux, ainfi qu'aux fractions, comme és deux exemples
fuiuans.

$$8\beta \text{ par } 2q + 4N \qquad 8q - 9\mathcal{R} \text{ par } 4\mathcal{R} + 3N$$

Les quotiens font

$$\frac{8\beta}{2q + 4N} \qquad\qquad \frac{8q - 9\mathcal{R}}{4\mathcal{R} + 3N}$$

Il faut faire en la mefme maniere, quand vn nombre coffique
fimple ou compofé doit eftre diuifé par vn nombre coffique fimple de plus grande denomination : comme 8q diuifez par 2qc con-
ftituent cefte fraction $\frac{8q}{2qc}$ De mefme 9q + 4 eftans diuifez par 3c,
font $\frac{9q + 4}{3c}$ &c.

Refte à enfeigner à faire la preuue de la multiplication & diuifion, laquelle fe faict en deux manieres. Premierement la diuifion preuue la multiplication; & la diuifion fe preuue par la multiplication, tout ainfi qu'en l'Arithmetique vulgaire.

L'autre forte de preuue fe faict pat la refolution des nombres coffiques, felon quelque racine des progreffions Geometriques contenuës au chapitre precedent. Car les nombres coffiques refouts, eftans multipliez entr'eux, doiuent produire vn mefme nombre que le produit des nombres coffiques, auffi refoult felon la mefme racine: & le nombre coffique qu'il faut diuifer refoult, doit produire autant diuifé par le diuifeur refoult, que le quotient auffi refoult. Comme pour exemple, nous auons trouué cy-deuant que $6q + 8\, \rlap{R}{\,} - 6\,N$ multipliez par $2q - 4\,N$, produifent $12qq + 16c - 36q - 32\,\rlap{R}{\,} + 24\,N$. Pour en faire donc la preuue, nous refoudrons les deux nombres coffiques en nombres abfolus, & viendront (felon la progreffion dont 2 eft racine) 34; & 4, qui multipliez entr'eux produifent 136: mais la refolution du produit $12qq + 16c - 36q - 32\,\rlap{R}{\,} + 24\,N$, eft auffi 136: & partant la multiplication a efté bien faicte. Nous auons auffi trouué que $1c + 1$, diuifez par $1\,\rlap{R}{\,} + 1$. le quotient eft $1q - 1\,\rlap{R}{\,} + 1$, lequel quotient donne 3 par la refolutiõ de la progreffion dont la racine eft 2: mais les deux nombres coffiques refolus par la mefme progreffion, font 9 & 3; & 3 diuifant 9, le quotient eft auffi 3: & partant la diuifion a efté bien faicte. Il eft donc affez manifefte par toutes ces chofes, qu'en ces deux regles les mefmes fignes + & + ou — & —, produifent toufiours ce figne +; mais que les diuers fignes + & — ou — & +, font toufiours ce figne —, c'eft pourquoy nous ne nous arrefterons à en faire autre demonftration.

Des fractions des nombres coffiques.

CHAP. VI.

EN l'Algorithme des fractions coffiques, les operations font prefque femblables qu'és fractions vulgaires: il n'y a qu'à adioufter ce qui concerne les caracteres coffiques, & les fignes + &

—. Et premierement quant à la numeration, cefte fraction $\dfrac{3}{8\,\rlap{R}{\,}}$ fignifie 3 vnitez eftre diuifées par 8 ℞ ; & cefte autre $\frac{79}{9}$ denotte 7

quarrez eftre diuifez par 9 vnitez : Item $\frac{9qq + 8q.}{6c}$ fignifie que ce

nombre $9qq + 8q$. eft diuifé par $6c$, &c.

Pour le regard de l'abbreuiation elle fe faict en deux manieres: Car ou les nombres feront abbreuiez, comme és fractions vulgaires, fans toucher aux caracteres coffiques; ou bien feront auffi abbreuiez lefdits caracteres coffiques: comme cefte fraction $\frac{15}{5℞}$, quãt aux nombres, elle fera reduitte à cefte-cy $\frac{3}{1℞}$: car la plus grãde commune mefure des nombres d'icelle fraction eft 5: Semblablement cefte autre fraction $\frac{9q + 36}{81}$ fera reduitte à cefte-cy $\frac{1q+4}{9}$ pour ce que la plus grande cõmune mefure eft 9: Item $\frac{35℞+28}{7q+14}$ fera reduite à cefte. cy $\frac{5℞+4}{1q+2}$: car le nombre 7 eft la plus grande commune mefure des nombres d'icelle: Item $\frac{18q-9℞}{6℞+3q}$ fera reduitte à cefte-cy $\frac{6q-3℞}{2℞+1q}$ &c.

Et quant à l'abbreuiation des caracteres coffiques, elle eft faicte fouftrayant l'expofant du moindre caractere, des expofans des autres caracteres; car fi aux nombres reftans, font appofez les propres caracteres, l'abbreuiation fera acheuée quant aux caracteres. Comme cefte fraction $\frac{8q}{2qc}$ quant aux caracteres, fera reduitte en celle-cy $\frac{8}{2qq}$: car l'expofant du moindre caractere q eft 2, qui ofté de 6 expofant de l'autre caractere qc, refte le nombre abfolu 8 au numerateur, & quatre pour l'expofant du denominateur, qui partant fera qq. puis apres quant aux nombres, elle fera reduitte à cefte-cy $\frac{4}{1qq}$: Item cefte autre fraction $\frac{18q-9℞}{6℞+3q}$, quand aux nombres & caracteres, fera reduitte à $\frac{6℞-3}{2+1℞}$, &c.

Or la raiſon de ceſte abbreuiation eſt manifeſte: car quant à ce qui eſt des nombres, veu que les nombres exprimant la fraction ſont diuiſez par vn meſme nombre, c'eſt aſſauoir par leur plus grande meſure, il y aura meſme raiſon entre les quotiens qu'entre les nombres diuiſez : Parquoy ces fractions $\frac{18c}{12qq}$, $\frac{3c}{2qq}$ ſeront égales y ayant meſme raiſon de 18 à 12 que de 3 à 2. Et pour le regard des caracteres, veu que chacun d'iceux eſt deſprimé par vn meſme expoſant, tellement qu'il y a derechef vne meſme diſtance entre les caracteres auſquels eſt faicte la reduction, qu'entre les premiers caracteres propoſez, ils auront vne meſme proportion entr'eux. Parquoy ces fractions $\frac{3c}{2qq}$ & $\frac{3N}{2R}$ ſeront égales; car par la 19 p. 7. il y a meſme raiſon de 3c à 2qq, que de 3 N à 2 R, veu qu'vn meſme nombre 6qq eſt prpduit, tant de la multiplication du premier & quatrieſme, que du ſecond & troiſieſme.

Quànt à la reduction des fractions coſſiques à vn meſme denominateur, elle s'obtient multipliant en croix les numerateurs par les denominateurs; & les denominateurs entr'eux, tout ainſi qu'és fractions vulgaires, comme ces fractions $\frac{3R}{4q}$ & $\frac{4c}{5qc}$ eſtans reduites en meſme denomination, feront $\frac{15b\beta}{20qqq}$ & $\frac{16\beta}{20qqq}$. Semblablement ces deux autres fractions $\frac{2R}{5q}$ & $\frac{4qq}{2c}$ eſtans reduites à vne meſme denomination, elles feront $\frac{4c}{10qc}$ & $\frac{20qqq}{10qc}$.

Or la raiſon de ceſte reduction eſt manifeſte : car d'autant qu'vn meſme nombre 2c multipliant les deux nombres 2R & 5q, a produit 4c & 10qc, par la 17. p. 7. il y aura meſme raiſon de 4c à 10qc, que de 2R à 5q; & partant ces fractions $\frac{2R}{5q}$ & $\frac{4c}{10qc}$ ſerõt de meſme valeur.

Pour meſme raiſon $\frac{4qq}{2c}$ ſeront égaux à $\frac{20qqq}{10qc}$: Car 5q multipliãt les deux nombres 4qq & 2c, a produit ces deux autres 20qqq, & 10qc.

Que s'il faut reduire quelque nombre entier, & vne fraction à meſme denomination; il faudra ſuppoſer l'vnité eſtre denomina-

teur du nombre entier, & pourſuiure ainſi que deſſus. Comme 6 &
$\dfrac{4℞}{7q}$ feront poſez ainſi $\dfrac{6}{1}$ & $\dfrac{4℞}{7q}$ puis eſtans reduittes comme deſſus, elles feront $\dfrac{42q}{7q}$ & $\dfrac{4℞}{7q}$: Item ces deux $\dfrac{5q}{1}$ & $\dfrac{4c}{3q}$ feront reduittes à ces deux autres $\dfrac{15qq}{3q}$ & $\dfrac{4c}{3q}$, & ainſi de toutes autres.

Mais ſi aux entiers eſt ioincte quelque fraction, il faudra premierement reduire les entiers en icelle fraction ; ce qui ſe faict multipliant les entiers par le denominateur de la fraction, & adiouſtant
au produit le numerateur: Comme ſi nous voulions reduire $4q +$
$\dfrac{2℞}{1c}$ & $\dfrac{3q}{1\beta}$ à vne meſme denomination, nous multiplierons premierement $4q$ par $1c$, afin que nous ayõs ces deux fractiõs $\dfrac{4\beta+2℞}{1c}$ & $\dfrac{3q}{1\beta}$,
leſquelles nous reduirõs à ces deux cy $\dfrac{4q\beta+2qc}{1qqq}$ & $\dfrac{3\beta}{1qqq}$, & ainſi des
autres.

Quant aux autres 4 operations des fractions coſſiques, ſçauoir
eſt, addition, fouſtraction, multiplication & diuiſion, elles ne diffe-
rent à celles que nous auons enſeignées és fractiõs de noſtre Arithmetique, ſinon à raiſon des caracteres coſſiques, & des ſignes + &
—. Parquoy nous mettrons ſeulement icy des exemples de chaſque
operation.

Exemples de l'Addition

Adiouſtant $\dfrac{3℞}{5q}$ auec $\dfrac{7qc}{5q}$ viendront $\dfrac{3℞+7qc}{5q}$: car d'autãt que
les denominateurs ſont ſemblables, il n'y a qu'à adiouſter les nu-
merateurs entr'eux, & à la ſomme d'iceux fouſcrire le meſme deno-
minateur. Pareillement ſi on adiouſte $\dfrac{3℞}{2N}$ auec $\dfrac{4q}{6c}$ viendront pour
leur ſomme & addition $\dfrac{9qq+8q}{6c}$, c'eſt à dire $\dfrac{9q+8^{3c}}{6℞}$: Item $\dfrac{48}{7q}$ adiouſtez auec $\dfrac{48}{12℞-5q}$ font $\dfrac{19_{2}q+576℞}{84c-21qq}$, qui eſtans reduits, tant au re-

gard des nombres que des fignes, font $\frac{64R+192}{28q-7c}$. Semblablement

$\frac{9R+2q}{36c}$ adiouftez auec $\frac{21qq-8q}{36c}$ font $\frac{21qq-6q+9R}{36c}$,qui reduicts

comme deffus, font $\frac{7c-2q+3}{12q}$: Item $\frac{5q-3R}{7c-2}$ adiouftez auec $\frac{3c+1}{2qq+4R}$

font $\frac{31qc-6\beta+21c-12q-2}{14b\beta+24qq-8R}$

Exemples de la fouftraction.

Oftant $\frac{3N}{2q}$ de $\frac{5c}{2q}$ refteront $\frac{5c-3}{2q}$: car d'autant que les denominateurs font femblables, il n'y a qu'à fouftraire le numerateur 3 du
numerateur $5c$, & au refte $5c-3$ appofer le mefme denominateur.
Mais fi on ofte $\frac{3R}{2N}$ de $\frac{9qq+8q}{6c}$ refteront $\frac{16q}{12c}$,c'eft à dire $\frac{4N}{3R}$: Item

$\frac{1N}{2q}$ eftant ofté de $\frac{3R}{4N}$, refteront $\frac{6c-4}{8q}$ ou $\frac{3c-2}{4q}$: Item $\frac{2R-3}{4N}$ eftans

oftez de $\frac{4}{2R+3}$ refteront $\frac{25-4q}{8R+12}$: Item $\frac{9q+8R}{2c-6N}$ de $\frac{11c+16q+8R}{2c-6N}$ refte-

ront $\frac{11c+7q}{2c-6N}$.

Exemples de la multiplication.

Multipliant $\frac{3N}{4R}$ par $\frac{1N}{2R}$ viennent $\frac{3N}{8q}$: Item $\frac{1N}{2q}$ par $\frac{1R}{4}$ viennent $\frac{1R}{8q}$:

Item $\frac{3R}{4q}$ par $\frac{1q}{2c}$, viendront $\frac{3c}{8\beta}$: Item $\frac{2R}{3N}$ par $1R-5$,viĕdrõt $\frac{2q-10R}{3}$:

Item $\frac{3R+2}{4q-1R}$ par $\frac{2R-4}{1q+3}$, viendront $\frac{6q-8R-8}{4qq-1c+12q-3R}$: Item

$\frac{7q+8R}{5c-11}$ par $\frac{4R}{5q}-8N$,viendront $\frac{32q-280qq-292c}{25\beta-55q}$.

Exemples

Exemples de la diuision.

Diuifant $\frac{3N}{8q}$ par $\frac{1N}{2R}$, viendront $\frac{6R}{8q}$ ou $\frac{3N}{4q}$: Item $\frac{1R}{8q}$ par $\frac{1N}{4R}$, viëdront $\frac{4q}{8q}$ ou $\frac{1}{2}$: Item $\frac{3c}{8\beta}$ par $\frac{3R}{4q}$, viendront $\frac{12\beta}{24qc}$ ou $\frac{1N}{2R}$: Item $\frac{2q-10R}{3}$ par $\frac{2R}{3}$ viendront $1R-5$: Item $\frac{6q-8R+8}{4qq-1c+12q-3R}$ par $\frac{2R-4}{1q+3}$, viendrōt $\frac{3R+2}{4q-1R}$

Quant à la preuue de ces 4 operations, elle fe faict en la mefme maniere que celle des entiers ; c'eft à dire que l'addition & la fouftraction : Item la multiplication & la diuifion fe preuuent l'vne l'autre.

Or voilà en general, & affez fommairement, ce qui eft des fractions en nombres coffiques : mais à raifon de leurs longues operations, nous adioufterons icy quelques regles & abregez fur aucunes d'icelles operations, fort vtiles à la folution de plufieurs queftions.

1. *Eftant donné vn nombre, luy adioufter telle ou telles parties qu'on voudra d'iceluy.*

Soit vn nombre donné $\frac{3R+16N}{2N}$ auquel ie veux adioufter les $\frac{2}{3}$ d'iceluy nombre. Pour faire cecy compendieufement, i'adioufte aux parties propofées l'vnité, (c'eft à dire le denominateur au numerateur) & viennent $\frac{5}{3}$, par lefquels ie multiplie le nombre donné, & viennent $\frac{15R+80}{6N}$ qui eft la fomme requife.

Qu'il faille encore adioufter $\frac{3}{4}$ de ce nombre $\frac{2c-4}{5q}$ à luy-mefme : l'adioufte l'vnité à $\frac{3}{4}$, & font $\frac{7}{4}$, par lefquels ie multiplie ledit nombre donné, & viennent $\frac{7c-14}{10q}$ pour la fomme requife. Semblablement fi à 9 R on veut adioufter fes $\frac{3}{7}$, foit adiouftée l'vnité à $\frac{3}{7}$, & viendront $\frac{10}{7}$, par lefquels foit multiplié le nombre propofé 9 R,

D

& viendront $\dfrac{90 ℞}{7}$ pour la fomme requife.

Pareillement fi à cefte fraction $\frac{1}{3}$ on veut adioufter fa moictié, foit adiouftée l'vnité à $\frac{1}{2}$, & feront $\frac{3}{2}$, par lefquels foient multipliez $\frac{3}{5}$, & viendront $\frac{9}{10}$ pour la fomme requife.

2. *Adioufter à vne partie ou parties d'vn nombre donné, telle ou telles autres parties qu'on voudra du mefme nombre.*

Soit le nombre donné $\dfrac{3q+6}{4c}$ au tiers duquel ie veux adioufter les $\frac{2}{5}$ du mefme nombre : Pour ce faire, i'adioufte enfemble les parties propofées $\frac{1}{3}$ & $\frac{2}{5}$, & font $\frac{11}{15}$, par lefquels ie multiplie le nombre donné, & viennent $\dfrac{11q+22}{20c}$ pour le requis.

Semblablement voulant adioufter les $\frac{3}{4}$ de ce nombre $12q$ aux $\frac{2}{5}$ d'iceluy, i'adioufte enfemble les parties propofées $\frac{3}{4}$ & $\frac{2}{5}$, & font $\frac{23}{20}$, que ie multiplie par le nombre $12q$, & viennent $\dfrac{69q}{5N}$ pour la fomme requife.

3. *Eftant donné vn nombre, fouftraire telle ou telles parties qu'on voudra d'iceluy.*

Soit le nombre donné $\dfrac{4℞+7}{5q}$ duquel ie veux fouftraire $\frac{1}{2}$ & $\frac{1}{3}$, c'eft à dire $\frac{5}{6}$: (car quand il y a plufieurs fractions, elles doiuët eftre premierement reduites à vne feule.) Ie fouftrais cefte fraction $\frac{5}{6}$ de l'vnité, (ce qui fe faict compendieufement en fouftrayant le numerateur du denominateur) & refte $\frac{1}{6}$, par lequel ie multiplie le nombre donné, & viennent $\dfrac{4℞+7}{30q}$ pour le refte dudit nombre donné.

Semblablement voulant fouftraire les $\frac{2}{5}$ de ce nombre $17℞$, ie fouftrais $\frac{2}{5}$ de l'vnité, & reftent $\frac{3}{5}$, par lefquels ie multiplie $17℞$, & viennent $\dfrac{51℞}{5}$ pour le refte du nombre propofé. Et voulant encore oster les $\frac{3}{4}$ de ceste fraction $\frac{7}{8}$, ie souftrais pareillement $\frac{3}{4}$ de l'vnité, & reste $\frac{1}{4}$, par lequel ie multiplie la fraction donnée $\frac{7}{8}$, & viennent $\frac{7}{32}$ pour le reste requis.

4. *D'vne partie ou parties d'vn nombre donné, souftraire telle ou telles parties qu'on voudra d'vn mesme nombre.*

Soit vn nombre donné $\frac{15 R + 8}{3c}$ des $\frac{3}{5}$, duquel il faut souftraire $\frac{1}{4}$: l'oste premierement $\frac{1}{4}$ de $\frac{3}{5}$, & restent $\frac{7}{20}$, par lesquels ie multiplie le nombre donné, & viennent $\frac{105 R + 56}{60c}$ pour le reste du nombre proposé.

Qu'il faille encore oster les $\frac{2}{7}$ de ce nombre 15 R des $\frac{4}{5}$ du mesme nombre: ie souftrais $\frac{2}{7}$ de $\frac{4}{5}$, & restent $\frac{18}{35}$, par lesquels ie multiplie le nombre donné 15 R, & viennent $\frac{54 R}{7}$ pour le reste demandé.

5. *Eftant donné vn nombre, trouuer telle partie ou parties qu'on voudra d'iceluy nombre.*

Soit vn nombre donné $\frac{8 R + 5}{4c}$, duquel ie veux trouuer $\frac{1}{3}$ & $\frac{2}{5}$, c'est à dire $\frac{11}{15}$: (car quand il y a plusieurs fractions, elles doiuết estre reduittes à vne seule.) Ie multiplie $\frac{11}{15}$ par le nombre donné, & viennent $\frac{88 R + 55}{60c}$ pour les parties requises.

Semblablement voulant prendre les $\frac{2}{7}$ de ce nombre 12q, ie multiplie iceluy nombre par $\frac{2}{7}$, & viennent $\frac{24 q}{7}$ pour les $\frac{2}{7}$ dudit nombre proposé 12q.

6. *Eftant donné vn nombre, en trouuer vn autre duquel le donné soit telle ou telles parties qu'on voudra.*

Soit donné le nombre $\frac{5 R + 4}{9}$, & il en faut trouuer vn autre duquel cestuy-cy soit les $\frac{2}{5}$: Ie diuise ledit nombre donné par $\frac{2}{5}$, &

viennent $\dfrac{25\text{R}t+20}{18}$ pour le nombre demandé.

Voulant aussi trouuer vn nombre duquel 5c soient les $\frac{3}{4}$, ie diuise 5c par $\frac{3}{4}$, & viennent $\dfrac{20c}{3N}$ pour le nombre requis. Et voulant encore trouuer vn nombre duquel les $\frac{5}{7}$ soient 15, ie diuise $\frac{5}{7}$ par 15 & viennēt 21 pour iceluy nombre requis.

De la regle d'Algebre.

C H A P. VII.

ENcore que l'Algorithme des nombres cossiques iusques icy enseigné, ne suffise pas pour la pleine & entiere cognoissance de ceste tant renommée regle d'Algebre, si est-ce neantmoins qu'auparauant que passer outre aux autres choses necessaires pour la parfaicte cognoissance d'icelle, i'estime estre à propos de declarer icy ladite regle, afin que ayant veu en quoy elle consiste, nous venions à exposer toutes les parties, & enseigner toutes les choses que nous iugerons estre necessaires pour l'intelligence d'icelles. Or ceste regle est telle.

Estant proposée quelque question, soit posé pour le nombre incogneu vne racine en ceste sorte 1R, *(on peut aussi quelquesfois poser plusieurs racines, comme deux, ou trois, ou dauantage pour la commodité de la question proposée,) laquelle soit examinée selon la teneur de la question, iusques à ce qu'on ait trouué quelque équation: Soit icelle reduite, s'il en est besoin: puis-apres par le nombre du plus grand caractere cossique soit diuisé l'autre nombre de l'equation. Car ou le quotient sera le nombre qui estoit cherché; sçauoir est la valeur de la racine posée au commencement, ou bien quelque racine du quotient rendra cogneu le nombre cherché. Or le diuiseur demonstrera par son caractere cossique, quand & quelle racine il faudra extraire du quotient.*

Or il appert que ceste regle a 4 parties, dont la premiere est l'inuention d'vne equation; la seconde, la reduction de l'equation trouuee; la troisiesme, la diuision d'vn nombre de l'equation par le nombre du plus grand caractere cossique; & la derniere, l'extra-

&tion de quelque racine du quotient de ladite diuifion. Mais de ces
parties, il y en a feulement deux du tout neceffaires ; fçauoir eft la
premiere & troifiefme : & quant aux deux autres, il n'en eft pas
toufiours befoin. Et auant que de traiéter particulierement de chacune d'icelles, nous les expoferons icy, propofant ce probleme.

*Trouuer vn nombre, duquel la tierce & quarte partie eftans oftez, le
nombre reftant foit 10.*

Ie pofe le nombre incogneu eftre 1℞ ; c'eft à dire que ie pofe 1℞
eftre égale au nombre incogneu que nous cherchons. I'examine
donc 1℞ felon la teneur de la queftion, c'eft à dire que ie prends d'i-
celle $\frac{1}{3}$ & $\frac{1}{4}$, fçauoir eft $\frac{1}{3}$ ℞ & $\frac{1}{4}$ ℞, qui font enfemble $\frac{7}{12}$ ℞, que i'ofte
de 1℞, & reftent $\frac{5}{12}$ ℞. Maintenant ie ratiocine ainfi : puis que 1℞ eft
pofée égale à tout le nombre incogneu ; $\frac{1}{3}$ ℞ fera égal au tiers d'i-
celuy, & $\frac{1}{4}$ ℞ égal au quart du mefme ; & puis que la tierce & quarte partie du nombre total eftant fouftraiét, le nombre reftant eft 10,
il s'enfuit que $\frac{1}{3}$ ℞ & $\frac{1}{4}$ ℞, c'eft à dire $\frac{7}{12}$ ℞, eftans oftez de 1℞, le nombre reftant $\frac{5}{12}$ ℞ eftre égal au nombre reftant 10, pource que fi de
chofes égales font oftées chofes égales, les reftes font égaux. Eft
donc trouuée equation, ou bien efgalité entre $\frac{5}{12}$ ℞ & ce nombre
10 : car équation n'eft autre chofe qu'vne égalité de valeur entre
deux quâtitez, ou chofes diuerfement dénommées : & voilà quant
à la premiere partie de la regle cy deffus. Et pour le regard de la feconde partie, qui eft la reduétion, il n'en eft befoin en l'equation de
noftre exemple : mais nous monftrerons cy apres, quand & comment l'equation fe doit reduire. Et pour le regard de la diuifion,
qui eft la 3. partie de la regle : en noftre équation trouuée entre $\frac{5}{12}$ ℞
& 10 N, le plus grand caraétere coffique eft ℞ : c'eft à dire que ℞ a
plus grand expofant que N : parquoy ie diuife ce nombre 10 par $\frac{5}{12}$,
refte du caraétere ℞, & vient au quotiët 24, qui eft le nombre cherché. Parquoy la 4. partie de la regle d'Algebre n'a lieu en noftre
exemple : mais quand, & quelle racine du quotient manifeftera le
nombre incogneu, il fera enfeigné cy-apres. Maintenant fi du nom-
bre trouué 24 on prend $\frac{1}{3}$, fçauoir eft 8 : puis $\frac{1}{4}$, fçauoir eft 6 : icelles
deux parties font enfemble 14, qui oftez des 24, refte le nombre 10,
ainfi qu'il eftoit requis en la propofition.

D iij

De la reduction d'equation.

CHAP. VIII.

POvr l'intelligence de la reduction des equations, est à notter, que si on adiouste ou souftraict choses égales de chasque terme de l'equation, ou bien qu'on les multiplie ou diuise par vn mesme nombre, qu'il y aura pareillement equation entre les produits. Comme pour exemple, s'il y a equation entre 12 ℞, & 72; ostant 4 ℞ de chasque terme, restera encore equation entre 8 ℞, & 72—4℞: car puis que 12℞ sont egales à 72; 1℞ sera égale à 6, & partant 8℞ seront égales à 48, & 4℞ à 24, qui ostez de 72, restera aussi 48. Item si à chasque terme de l'equation d'entre 8℞, & 72—4℞, on adiouste 10, viendra equation entre 8℞+10, & 82—4℞. Car il est manifeste que chasque terme vaut 58. Item s'il y a equation entre 3℞+12, & 72—7℞; multipliant chasque terme par 2, viendra aussi equation entre 6℞+24, & 144—14℞: car l'vn & l'autre terme faict 60. Ainsi aussi si nous diuisons par 6 chasque terme de ceste derniere equation, sera produit equation entre 1℞+4, & $24-2\frac{1}{3}$℞: car l'vn & l'autre terme faict 10.

Maintenant quand en la solution de quelque question on est paruenu à l'equation; si le plus grand caractere cossique, par le nombre duquel (selon la regle d'Algebre) on doit diuiser l'autre terme de l'equation n'est posé seul en l'vn & en l'autre terme d'icelle equation, où qu'estant seul en l'vn, il ne le soit en l'autre, alors la diuision ne se peut faire. Comme pour exemple, si l'equation est trouuée entre 9℞+12, & 78—2℞; la diuision ne se peut faire, pource qu'en chasque terme est trouué ce caractere ℞, & cestuy-cy N: Semblablement si l'equation est trouuée entre 9℞—12, & 42, tu vois que la diuision ne se peut faire par 9 nombre du plus grand caractere cossique ℞, pource que 9℞ ne sont pas posées seules, ains 9℞ —12.

Ainsi aussi si l'equation est trouuée entre 9℞, & 72—3℞: Item entre 1q—3℞, & 108: Item entre 1q—48, & 8℞: Item entre 108+8℞, & 2q—12℞ +60, &c. en toutes lesquelles il est manifeste que la diuision ne se peut faire, comme requiert la regle d'Algebre. Parquoy

aduenant semblables equations, elles doiuent estre reduittes en autres, esquelles le plus grand caractere cossique soit seul en vn terme
de l'equation, & ne soit repeté en l'autre, & esquelles aucun caractere cossique ne soit posé deux fois. Or ceste reduction se fera ainsi
qu'il ensuit :

Si vne particule de l'equation a le signe —, il la faut transposer,
c'est à dire adiouster à l'autre terme : comme si vne equation est
trouuée entre 9℞—12, & 42 : nous adiousterons 12 à 42, & nous aurons l'equation entre 9℞, & 54 : Item l'equation estant trouuée entre 9℞, & 72—3℞, adioustant 3℞ à chasque terme, nous aurons l'e-
quation entre 12℞, & 72 : Item l'equation estant entre 2q—3℞,
& 104, adioustant 3℞ à chasque terme, l'equation sera entre
2q, & 3℞+104 : Item l'equation estant entre 5q—40, & 10℞,
adioustant —40, nous aurons vne equation entre 5q, & 10℞+40.
Mais quand vne particule a le signe +, il la faut soustraire : comme
si l'equation est trouuée entre 11℞+12, & 78, nous soustrairons +12,
& restera l'equation entre 11℞, & 66 : Item l'equation estant trouuée entre 3℞+6, & 24 ; ostant +6, restera l'equation entre 3℞, & 18 :
Item si vne equation est trouuée entre 5q+20, & 100, nous osterōs
+20, & restera l'equation entre 5q, & 80 : Item vne equation estant
entre 3q+2℞, & 56 ; ostant +2℞, l'equation restera entre 3q, & 56—2℞.
Que si l'vn & l'autre signe + & — sont en vne equation, il faut adiouster la particule du signe —, mais soustraire celle du signe +.
Comme si vne equation est trouuée entre 9℞+12, & 78—2℞ : nous
adiousterons premierement —2℞, & l'equation sera entre 11℞+12,
& 78 ; puis soustrayant d'icelle +12, restera l'equation entre 11℞, &
66 : Item si vne equation est entre 5q—3℞, & 3q+20 ; nous adiousterons 3℞, & l'equation sera entre 5q, & 3q+3℞+20 ; & ostant de ceste-cy 3q, restera l'equation entre 2q, & 3℞+20 : Item si vne equation
est trouuée entre 108+8℞, & 2q—12℞+60 : nous adiousterons premierement 12℞, & l'equation viendra entre 108+20℞, & 2q+60 ; &
d'icelle estans ostez 60, restera l'equation entre 2q, & 20℞+48. Que
s'il aduient quelque equation, comme entre 6℞—10, & 10℞—34, en
laquelle les nombres 10, & 34 ont mesme signe —, il faut oster le
moindre nombre 10 de chasque terme, & restera l'equation entre
6℞, & 10℞—24 ; & d'autant qu'en icelle les nombres 6℞ & 10℞ ont
aussi vn mesme +, il faut oster le moindre 6℞ du plus grand 10℞, &

restera l'equation entre o℞, & 4℞—24 ; & adiouſtant 24 à chaſque
terme d'icelle, viendra finablement l'equation entre 24, & 4℞. Soit
derechef equation entre 54+4℞, & 11q—6℞+30 ; Premierement,
pource que +4℞, & —6℞ ont ſignes diuers, il faut oſter 4℞ de part
& d'autre, c'eſt à dire adiouſter 4℞ à 6℞, & viendront —10℞,
tellement que l'equation ſera entre 54, & 11q—10℞+30 ; puis apres,
d'autant que 54, & 30, ont vn meſme ſigne +, il faut ſouſtraire 30 de
54, & reſtera equation entre 24, & 11q—10℞ : tiercement, ie tranſpo-
ſe —10℞, afin que l'equation ſoit entre 11q, & 10℞+24, & ainſi des
autres.

Quant à la reduction des equations qui ſont trouuées en fractions, elles ſe faict la reduiſant en equation d'entier par la multiplication en croix. Comme ſi vne equation eſt trouuée entre
$\frac{3℞+12}{5}$ & $\frac{36q—198℞}{3℞}$ multipliant ces fractions en croix, ſçauoir eſt le
numerateur de la premiere par le denominateur de la ſeconde, mais
le numerateur de la deuxieſme par le denominateur de la premiere,
ſera faict equation entre 9q+36℞, & 180q—990℞ ; c'eſt à dire entre
1℞+4, & 20℞—110, qui eſtant reduite, comme dit eſt cydeſſus, l'e-
quation ſera entre 19℞, & 114 : Item vne equation eſtant trouuée
entre $\frac{4℞+18}{1℞}$ & $\frac{12℞—58}{2}$; eſtant reduite par la multiplicatiõ en croix,
viendra equation entre 8℞+36, & 12q—58℞, qui reduite par tranſpo-
ſition ſera entre 66℞+36, & 12q.

Que ſi vne equation eſt trouuée entre vne fraction, & quelque
autre choſe : comme entre $\frac{5}{4+1℞}$, & vn eſcu, ou vn degré, ou vne
heure, ou vne minutte, &c. Il faut poſer vne vnité pour ceſte cho-
ſe, ainſi $\frac{1}{1}$, afin que l'equation ſoit entre $\frac{5}{4+1℞}$, & $\frac{1}{1}$, laquelle par la
multiplication en croix, ſera reduite à l'equation d'entre 5, &
4+1℞.

Quant à la reduction d'equation d'entre nombres coſſiques irrationnaux, & nombre abſolu, nous l'enſeignerons à la fin du chapitre 22.

S'il ſe rencontre auſſi quelque equation en laquelle il n'y ait aucun nombre abſolu, il faudra abbreuier les caracteres coſſiques:
Comme

Comme pour exemple, l'equation d'entre 2q, & 12℞ sera reduite à l'equation d'entre 2℞ & 12 : Item l'equation d'entre 1qc, & 1ß+2qq sera reduite à l'equation d'entre 1q, & 1℞+2, &c. Mais ceste reduction n'est du tout necessaire deuant l'extraction des racines des nombres cossiques simples, comme nous dirons au chap. 10.

De la diuision que requiert la regle d'Algebre.

CHAP. IX.

LA reduction estant faicte, la regle d'Algebre dit que par le nombre du plus grand caractere cossique (laissant iceluy caractere) on diuise l'autre nombre de l'equation : comme si l'equation est trouuée entre 7℞ & 42; diuisant 42 par 7, nombre du caractere cossique ℞, viendra au quotient 6, qui sera la valeur d'vne racine : Item vne equation estant trouuée entre 12q, & 66℞+36 : diuisant 66℞+36 par 12, le quotient donnera $5\frac{1}{2}$℞+3, pour la valeur d'vn quarré : Item si vne equation est trouuée entre $\frac{1}{3}$q, & 6℞+$13\frac{1}{3}$, nous diuiserons 6℞+$13\frac{1}{3}$ par $\frac{1}{3}$, & le quotient donnera 18℞+40, pour la valeur d'vn quarré : Item vne equation estant entre 3qc, & 9c+120, nous diuiserons 9c+120 par 3, & le quotient donnera 3c+40 pour la valeur d'vn quarré de cube, &c.

De l'extraction des racines dont faict mention la regle d'Algebre.

CHAP. X.

AYANT faict la reduction des caracteres cossiques, si le plus grand caractere cossique est ℞, le quotient de la diuision mentionnee cy-dessus manifestera le nombre que vaut vne seule racine, comme il a esté dit au chap. precedent : ou bien toutes & quantesfois que le nombre cossique de la plus grande denomination sera égal au nombre cossique de la plus prochaine moindre dénomination, estant diuisé le nombre de la moindre denomination par le nombre de la plus grande, le quotient donnera la valeur d'vne seule racine, encore que l'abbreuiatiõ des caracteres ne soit faicte, pour

E

ce que ceſte ſorte d'equation par abbreuiation de caracteres, ſe reduit à vne equation entre *y* & N. Comme ſi 5ß ſont egaux à 30*qq*;
30 eſtans diuiſez par 5, le quotient 6 ſera la valeur d'vne ſeule racine:
car reduiſant ceſte equation par abbreuiation des caracteres, on
trouueroit l'equation entre 5*R* & 30. Il y a meſme raiſon en tous
autres nombres coſſiques collateraux. Mais ſi le plus grand caractere coſſique, eſtant ſeul d'vne part de l'equation, eſt plus grand que
racine, & de l'autre part ſoit vn nombre abſolu, il faudra extraire
du quotient la racine qu'iceluy caractere ſignifie : comme ſi le caractere eſt *q*, il faudra extraire la racine quarrée ; ſi *c*, la cubique ; ſi *qq*,
la quarrée de quarrée, &c. laquelle ſera la valeur d'vne ſeule racine.
Comme pour exemple, ſi vne equation eſt entre 5*q*, & 720 ; ayant
faict la diuiſion, il faudra chercher la racine quarrée du quotient
144 : Item ſi 10*c* ſont égaux à 270, il faudra, ayant faict la diuiſion,
extraire la racine cubique du quotient 27 : Semblablement ſi 8*c*
ſont égaux à 24*R*+144, il faudra trouuer la racine cubique du quotient (ayant premierement faict la diuiſion, afin que l'equation
vienne entre 1*c* & 3*R*+18.) Et afin qu'on ſçache generalement quelle racine il faut tirer du quotient, quand deux nombres coſſiques
non collateraux ſont égaux entr'eux, deſquels l'vn ny l'autre n'eſt
nombre abſolu, il faut abbreuier les caracteres, afin que l'equation
ſe faſſe entre N, & nombre coſſique : comme ſi vne equation eſt entre 10*qc*, & 80*q*, ſoit reduicte icelle à l'equation d'entre 10*c*, & 80 :
eſtât donc faicte la diuiſiõ, il faudra tirer la racine cubique du quotient 8, & ainſi des autres.

 Or la maniere d'extraire les racines des nombres abſolus eſt ſuf-
fiſamment enſeignée en noſtre practique d'Arithmetique ; c'eſt
pourquoy nous enſeignerons ſeulement icy la maniere d'extraire
les racines des nombres coſſiques. Si donc il faut extraire quelque
racine d'vn nombre coſſique ſimple, ſoit priſe la racine d'iceluy
nombre, delaiſſant le caractere, l'expoſant duquel ſoit diuiſé par
l'expoſant du caractere qui dénomme la racine qu'il faut extraire,
& viendra l'expoſant du caractere par lequel ſera denommée la racine cherchée. Comme s'il faut trouuer la racine quarrée de ce
nombre 144*q*, ayant pris la racine quarrée d'iceluy nombre 144,
qui eſt 12, ſoit diuiſé l'expoſant de ce caractere *q*, par l'expoſant du
caractere *q*, ſçauoir eſt 2 par 2, & viendra 1, qui eſt expoſant du ca-

ractere ℞ : 12 ℞ est donc racine quarrée du nombre 144*q*. Car si ce nombre 12℞ est multiplié en soy, sera produit le nombre proposé 144*q*.

Derechef qu'il faille trouuer la racine quarrée de 144*qc* : ayant pris la racine quarrée d'iceluy, qui est 12, soit diuisé l'exposant de ce caractere *qc*, sçauoir est 6, par l'exposant de racine quarrée, qui est 2, & viendra 3, exposant du caractere *c* : donc 12*c* est racine quarrée du nombre 144*qc*. Ainsi aussi la racine cubique de ce nombre 64*c*, sera 4 ℞. Car la racine cubique du nombre 64 est 4, & l'exposant du caractere cube, sçauoir est 3, estant diuisé par 3, produit l'vnité, exposant de ℞.

Item la racine quarrée de ce nombre 25*qq*, sera 5*q*.
Et la racine quarrée de quarrée de ce nombre 16*qqq*, sera 2*q*.
Et la racine sursolide de ce nombre 32*qß*, sera 2*q*.
Mais la racine quarrée de quarrée de ce nombre 81*qq*, sera 3℞, &c.

Que si vn nombre n'a la racine cherchée, ou par la diuision des exposans, n'est produict vn nombre exposant entier, le nombre cossique proposé n'a pas la racine desirée : comme ce nombre 16*c*, n'a pas de racine quarrée ou cubique, parce qu'encore que le nombre 16 ait racine quarrée, c'est assauoir 4, toutesfois à cause que diuisant 3, exposant du caractere *c*, par 2 exposant de la racine quarrée, prouient $1\frac{1}{2}$, qui ne correspond à aucũ caractere cossique, icelle racine ne se peust prẽdre. Derechef, encore que diuisant 3, exposant de ce caractere *c* par par 3, exposant de la racine cubique, prouiẽne 1 exposant de ce caractere ℞, toutesfois icelle racine cubique ne se peut prendre à raison que le nombre 16 n'est nombre cube, &c.

Quant à l'extraction des racines de nombres cossiques composez & diminuez, il est à notter qu'on n'a point encore trouué (au moins que ie sçache) de maniere certaine pour ce faire, sinon que les exposans des trois nombres cossiques de l'equation ayent vn mesme excez entr'eux, c'est à dire qu'ils soiẽt en proportion Arithmetique : telles sont les equations suiuantes.

1*q*.	6℞+72.	les exposans sont	2.	1.	0.
1*q*.	72—6℞.	les exposans sont	2.	0.	1.
1*q*.	14℞—48.	les exposans iont	2.	1.	0.

1qq.	18q+648.	les expofans font	4.	2.	0.
1qq.	725—4q.	les expofans font	4.	0.	2.
1qq.	433q—41616.	les expofans font	4.	2.	0.
1qc.	200c+3456.	les expofans font	6.	3.	0.
1qc.	5120—16c.	les expofans font	6.	0.	3.
1qc.	800c—156751.	les expofans font	6.	3.	0.
1qqq.	2000qq+185076881.	les expofans font	8.	4.	0.
1qqq.	214651701—20qq.	les expofans font	8.	0.	4.
1qqq.	20000qq—78461119.	les expofans font	8.	4.	0.
1qß.	80ß+39609.	les expofans font	10.	5.	0.
1qß.	7424—200ß.	les expofans font	10.	0.	5.
1qß.	2000ß—999424.	les expofans font	10.	5.	0.

&c.

Quand les expofans gardant la progreſſion Arithmetique ſont tous plus grands que 0, il les faut abbreuier par la ſouſtraction du moindre nombre expoſant. Comme les ſuiuantes equations.

1.cß.	725bß—4cc.	les expofans font	11.	7.	9.
1.cß.	2000qqq+3456ß	les expofans font	11.	8.	5.
1.qß.	200qc+14336q.	les expofans font	10.	6.	2.

Seront reduites à celles-cy.

1qq.	725—4q.	les expofans font	4.	0.	2.
1qc.	200c+3459,	les expofans font	6.	3.	0.
1qqq.	200qq+14336.	les expofans font	8.	4.	0.

Et ainſi faut-il faire de toutes autres, afin de cognoiſtre quelle racine il faut extraire.

Or pour extraire la racine quarrée de tels nombres coſſiques, vous ferez ainſi qu'il enſuit.

Prenez premierement la moiſtié du nombre des racines; puis au quarré d'icelle moictié, adiouſtez-y le nombre abſolu, s'il a le ſigne +, ou l'oſtez s'il a le ſigne —: & finablement à la racine quarrée de ce produict, adiouſtez la moictié du nombre des racines, ſi elles ont le ſigne +, ou l'oſtez ſi elles ont le ſigne —: & ce qui en viendra donnera l'eſtimation & valeur d'vne ſeule racine quarrée.

Pour exemple, vne equation eſtant trouuée entre 1q. & 72—6℞; la diuiſion eſtant faicte de 72—6℞, par 1, comme veut la regle d'Algebre, vient le meſme nombre pour la valeur d'vn quarré, duquel il faut trouuer la racine. Premierement donc ie prend la moictié du nombre des racines, ſçauoir 3; puis au quarré d'icelle moictié, ſçauoir eſt à 9, i'adiouſte le nombre abſolu 72, à cauſe du ſigne +, & viennent 81; donc ie prends la racine quarrée, qui eſt 9; & d'icelle i'oſte 3, moictié du nombre des racines, à cauſe du ſigne —, & reſte le nombre 6, pour la valeur de la racine cherchée.

Soit derechef vne equation trouuée entre 1q. & 6℞+72: & il faut trouuer la racine quarrée de ce nombre 6℞+72.

Ie prends premierement la moictié du nombre des racines, ſçauoir eſt 3 : puis au quarré d'icelle moictié, qui eſt 9, i'adiouſte 72 à cauſe du ſigne +, & font 81 : dont la racine quarrée eſt 9, à laquelle i'adiouſte 3, moictié du nombre des racines, à cauſe du ſigne +, & font 12, qui eſt la valeur d'vne racine.

Soit encore vne equation entre 1q. & 18℞—72 : & il faut trouuer la racine d'iceluy nombre 18℞—72.

Ie prends donc la moictié des racines, ſçauoir eſt 9 : puis du quarré d'icelle moictié, qui eſt 81, ie ſouſtrais 72, à cauſe du ſigne —, & reſtent 9, dont la racine quarrée eſt 3, à laquelle i'adiouſte la moictié des racines, ſçauoir eſt 9, à cauſe du ſigne +, & font 12 pour la valeur d'vne racine.

Mais il eſt à notter que tels nombres coſſiques diminuez, eſquels le nombre abſolu a le ſigne —, ont double racine, ſçauoir eſt, l'vne grande & l'autre petite; la grande eſt trouuée comme dit eſt cy-deſſus : mais on aura la moindre, ſi la racine quarrée du reſte de la ſouſtraction eſt oſtée de la moictié du nombre des racines : comme au dernier exemple propoſé, ſi 3, racine quarrée du reſte 9 eſt oſté de 9 moictié du nombre des racines, reſteront 6, pour l'autre & moindre racine d'iceluy nombre coſſique 18℞—72. Et faut notter que l'vne & l'autre racine n'eſt pas touſiours propre à la ſolution d'vn probleme, ains ſeulement l'vne ou l'autre : c'eſt pourquoy aduenāt tels nombres, ſi l'examen faict par l'vne d'icelles racines ne reſpond à la queſtion, il faudra prendre l'autre racine.

Or combien que Nonius, & pluſieurs autres autheurs ayent faict voir par demonſtrations Geometriques la raiſon de ceſte extractiõ

de racines, neantmoins nous ne laiſſerons d'en rapporter icy quelques demonſtrations pour le contentement des François : & pour
ce faire, nous reprendrons tous les trois exemples cy-deſſus expli-
quez.

Pour le premier exemple où l'equation eſtoit entre 1q, & 72—6℞,
il faut trouuer vn quarré égal à ce nõbre coſſique diminué 72—6℞,
afin de demonſtrer que ſuiuant les preceptes cy-deſſus, la racine
quarrée d'iceluy a eſté bien trouuée. Premierement ſoit reſtitué le
ſigne — par tranſpoſition, tellemēt que l'equatiõ ſoit entre 1q+6℞
& 72. Le nombre des racines ſoit la ligne droicte A B, laquelle ſoit
couppée en deux également au poinct C, duquel ſoit eſleuée la
perpendiculaire C D égale au coſté du quarré égal au nombre abſolu, puis ſoit tirée la ligne DB, & de la ligne CB prolõgée ſoit priſe
CE egale à icelle BD. Ie dis que le quarré de la ligne droicte BE enſemble auec les racines propoſees, dont le nombre eſt AB, eſt egal
au nombre abſolu, duquel le coſté du quarré eſt CD ; & partant que
le meſme quarré de BE eſt egal au meſme nombre, dont CD eſt
coſté du quarré moins les racines propoſees, deſquelles le nombre
eſt AB. Car d'autant que par la 47p.1. le quarré de BD eſt egal aux
quarrez de CD, CB, & que le quarré de BD eſt egal au quarré de
CE ; auſſi le quarré de CE ſera egal aux quarrez de CD, CB. Mais
par la 6. p. 2 au quarré de CE eſt egal le rectangle de AE, BE, enſemble auec le quarré de CB :
donc auſſi le rectãgle compris
ſous AE, BE auec le quarré de
CB, ſera egal aux quarrez de
CD, CB ; & oſtant le quarré
commun de CD, reſtera le rectangle de AE, BE egal au
quarré de CD. Mais par la 3.p.2.
le rectangle de AE, BE eſt egal
au rectangle de AB, BE, & au
quarré de BE : donc auſſi le

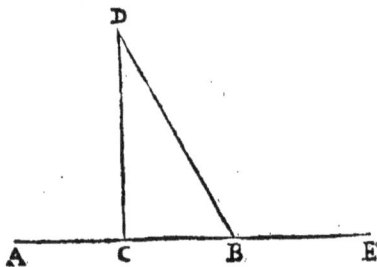

quarré de BE auec le rectangle de AB, BE, ſera egal au quarré de
CD. Veu donc que (poſant BE coſté du quarré de l'equation) le
rectangle compris ſous AB, BE, nombre des racines & coſté du
quarré, eſt la valeur des racines, il eſt manifeſte que le quarré de

BE auec les racines donnees, dont le nombre eſt AB , eſt egal au
nombre abſolu propoſé, duquel le coſté du quarré eſt CD ; & partant le meſme quarré de BE eſt egal au nombre abſolu, duquel le
coſté du quarré eſt CD , moins la valeur des racines, deſquelles le
nombre eſt AB. Ce qui eſtoit propoſé.

De ceſte demonſtration eſt manifeſte que le precepte cy-deſſus
preſcrit pour trouuer la racine quarree de ce nombre coſſique
72—6℞ eſt certain & veritable. Car ſi au quarré de CB 3, moictié
des racines eſt adiouſté le nombre abſolu 72, c'eſt aſſauoir le quarré de CD, ſeront cogneuz, enſemble les deux quarrez de CB, CD,
c'eſt à dire le quarré de BD 81; & partant auſſi le quarré de CE. Si
donc de ce coſté CE 9 on oſte CB 3, moictié du nombre des racines, reſtera cogneu le coſté BE 6, c'eſt à dire la racine quarree qui
eſtoit cherchee.

Soit maintenant le nombre coſſique de noſtre ſeconde exemple 6℞+72; & il faut trouuer le quarré egal à iceluy, & demonſtrer que ſa racine quarree eſt bien extraicte ſuiuant les preceptes
là enſeignez. Soit derechef la ligne droicte AB (en la prece-
dente figure) couppee en deux egalement en C, le nombre des
racines ; & la perpēdiculaire CD, le coſté du quarré du nombre abſolu; puis ayant mené BD, ſoit priſe CE egale à icelle. Ie dis que le
quarré de la ligne droicte AE eſt egal aux racines donnees,
deſquelles le nombre eſt AB, enſemble auec le nombre abſolu donné , duquel le coſté du quarré eſt CD. Car d'autant que par
la 47 p.1. le quarré de BD, ou de CE, eſt egal aux quarrez de CD,
CB ; & par la 2. p. 2. le quarré de CE eſt egal au quarré de CB enſemble auec le rectangle compris ſouz AE, BE ; auſſi le quarré de
CB auec iceluy rectangle de AE, BE ſera egal aux quarrez de CB,
CD : & oſtât le quarré commun de CB, reſtera le rectangle de AE,
BE egal au quarré de CD, c'eſt à dire au nombre abſolu propoſé.
Parquoy, veu auſſi que poſant AE coſté du quarré de l'equation, le
rectangle contenu ſouz AE, AB, coſté du quarré , & du nombre
des racines, eſt la valeur des racines propoſées, & que par la 2.p.2. le
quarré de AE eſt egal aux deux rectangles compris ſouz AE, BE, &
ſouz AE, AB; il eſt manifeſte que le quarré de la ligne droicte
AE eſt egal aux racines, deſquelles le nôbre eſt AB, enſemble auec
le nombre abſolu donné, duquel le coſté du quarré eſt CD. Ce qu'il
falloit demonſtrer.

Il eſt donc manifeſte que ſi au quarré de la ligne droicte CB 3, moictié du nombre des racines, eſt adiouſté le nombre abſolu 72, c'eſt aſſauoir le quarré de la ligne droicte CD, ſera cogneu le quarré de BD ou CE, qui ſera de 81, & partant ledit coſté CE de 9 : auquel coſté eſtāt adiouſté la moictié du nōbre des racines, c'eſt à dire la ligne droicte AC 3, ſera trouuee AE de 12, cōme dit eſt cy-deuāt.

Soit finablement le nombre coſſique de noſtre troiſieſme exemple 18℞—72, auquel il faille trouuer vn quarré egal, & demonſtrer que ſon coſté ou racine a eſté bien trouuee. Soit la ligne droicte AB, le nombre des racines, couppee en deux egalement en C; & la ligne droicte D ſoit le coſté du quarré du nombre abſolu; & ſoit reſtitué ce ſigne — par transpoſition, afin que l'equation ſoit entre 1q+72, & 18℞. Mais la ligne droicte D ſoit premierement moindre que la moictié du nombre des racines AC ou CB : & par le 60 prob. de noſtre Geometrie pratique, ſoit diuiſee la ligne droicte AB en E, tellement que D ſoit moyenne proportionnelle entre les ſegmens AE, EB : donc par la 17.p.6. le rectāgle compris ſous AE, EB, ſera egal au quarré de D, c'eſt à dire au nombre abſolu propoſé. Ie dis que tant le quarré de AE, que de EB, enſemble auec le nōbre abſolu dōné, eſt egal aux racines propoſees, deſquelles le nōbre eſt AB; & partāt que tāt le quarré de AE que de EB, eſt egal à la valeur des racines propoſees, moins le nōbre abſolu. Car ayant deſcrit de AE, EB, les quarrez AF, EK, & accomply les rectangles AH, BL; tant le rectāgle EH, que EL compris ſouz AE, EB, ſera egal au nombre abſolu, c'eſt à dire au quarré de D. Eſtant donc poſé AE le coſté du quarré de l'equation, le rectangle AH contenu ſouz AB nombre des racines, & AE coſté du quarré; ſera la valeur des racines propoſees. Mais il eſt manifeſte que le quarré AF, enſemble auec EH nombre abſolu, eſt egal à la valeur des racines AH; & partant le meſme quarré AF eſtre egal à la valeur des racines AH, moins le nombre abſolu EH. Poſant derechef EB coſté du quarré,

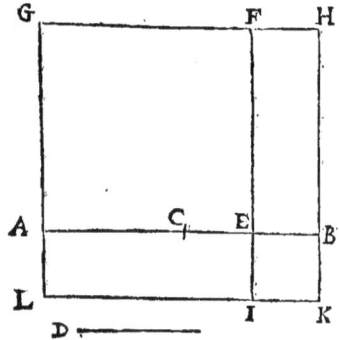

la valeur des racines fera le rectangle BL compris fouz AB nombre des racines, & EB cofté du quarré. Mais il appert qu'aufli le quarré BI auec le rectangle EL nombre abfolu, eft egal à la valeur des racines BL; & partant le mefme quarré BI fera egal à la valeur des racines BL, moins le nombre abfolu EL.

Or l'vn & l'autre cofté AE, EB fera cogneu en cefte forte: d'autant que par la 5.p.2. le rectangle de AE, EB auec le quarré de CE, eft egal au quarré de AC ou CB, fi du quarré de AC ou CB, c'eft à dire de 81, on ofte le rectangle de AE,EB, c'eft affauoir le nombre abfolu 72, reftera cogneu le quarré de CE 9, & partant iceluy cofté CE 3; lequel cofté CE cogneu eftant adioufté à AC, moictié du nombre des racines 9, fera cogneu le cofté AE 12, qui eft la plus grande racine; mais fi le mefme cofté CE, eft ofté de CB 9 moictié du nombre des racines, reftera cogneu le cofté EB 6, qui eft la moindre racine.

Soit maintenant la ligne droicte D egale à la moictié du nombre des racines AC ou CB : Ie dis que le quarré de AC, moictié du nombre des racines, auec le nombre abfolu donné, eft egal aux racines propofees. Car foit defcrit de AC le quarré AE, & acheué le rectangle AG, & fera CG pareillement quarré. Veu donc que la ligne droicte D, eft pofee egale à la ligne droicte AC ou CB, le quarré CG fera egal au nombre abfolu; & pofant AC cofté du quarré de l'equation, le rectangle AG contenu fous le cofté AC, & le nombre des racines AB, fera la valeur des racines. Mais il eft manifefte que le quarré AE, auec le nombre abfolu CG, eft egal aux racines AG, moins le nombre abfolu CG; & partant que le mefme quarré AE eft egal à la valeur des racines AG, moins le nombre abfolu CG.

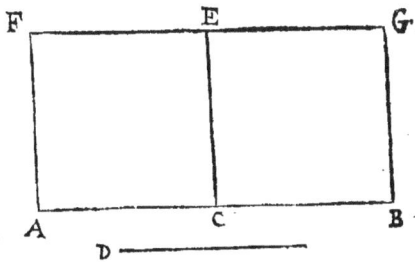

Et puis que fuiuant les preceptes de l'extraction de la racine quarrée de tels nombres coffiques, on doit fouftraire le nombre abfolu du quarré de la moictié du nombre des racines; il s'enfuit

F

que la ligne droicte D ne doit pas estre plus grande que la moictié
du nombre des racines AC, parquoy nous auons demonstré ce
qui estoit proposé.

Or il y a encore vne autre maniere d'extraire la racine des nombres cossiques composez, laquelle est fort commode, quand le
nombre des racines est impair ou rompu, laquelle extraction se
faict ainsi :

*Au quarré du nombre des racines, adioustez le quadruple du nombre ab-
solu, s'il a le signe +, ou l'ostez s'il a le signe —: puis à la racine quarrée de
ce produit adioustez ou soustrayez le nombre des racines selon qu'il sera no-
té, & viendra l'estimation ou valeur du double de la racine quarrée; parquoy
la moistié sera la valeur d'vne seule racine.*

Pour exemple, qu'il faille extraire la racine de ce nombre cossique 72+6℞ : Au quarré du nombre des racines, qui est 36, i'adiouste 288, quadruple du nombre absolu 72, & viennent 324, dont la
racine quarree est 18; de laquelle i'oste le nombre des racines, sçauoir est 6, & restent 12, pour la valeur de deux racines; & partant
vne racine vaudra 6.

Nonius demonstre aussi Geometriquement la raison de ceste
extraction, mais nous ne nous y arresterons à present, attendu qu'a-
pres la demonstration de l'autre maniere cy-dessus, il est aysé de
voir la raison de ceste-cy, par ce que nous auôs demonstré au Scholie de la 4. p. 2. & par la 1. & 5. p. 5.

Pour le regard de l'extraction des racines des nombres cossiques,
qui constituent equation, ayans les exposans constituez en telle
progression Arith. que ceux-cy, 4, 2, 0; ou 4, 0, 2; ou 6, 3, 0; ou 6, 0, 3;
ou 8, 4, 0; ou 8, 0, 4, ou 10, 5, 0; ou 10, 0, 5, &c. esquels le plus grand
caractere est toustours composé de q, & d'vn autre caractere cossique : il faut premierement extraire la racine quarree, à cause du caractere q, selon qu'il est enseigné cy dessus, accommodant au nombre qui est affecté au caractere cossique, en ceste partie-là de l'equation, de laquelle il faut tirer la racine, tout ce que nous auons dit
du nombre des racines, comme si l'equation estoit entre trois
nombres cossiques affectez aux caracteres q. ℞. & N. puis apres de
ceste racine quarree trouuee, soit qu'elle soit rationelle ou irrationelle, il en faut tirer vne autre racine selon l'autre partie du plus
grand caractere cossique, ce caractere q estant osté. Comme si vne

equation eſt trouuee entre 1 qq. & 18 q—648. Il faudra extraire la racine quarree de ce nombre 18 q—648, à cauſe de la premiere partie
du ſigne coſſique q, tout ainſi que ſi l'equation eſtoit trouuee entre
1 q, & 18 ʀ—648, laquelle racine quarree ſera 36; & d'icelle il faut derechef tirer la racine quarree qui ſera 6: parquoy 6 ſera la racine du
nombre coſſique propoſé.

En la meſme maniere, ſi vne equation eſt entre 1 qc, & 5120—16 c:
il faudra prendre la racine quarree du nombre 5120—16 c; & de ceſte-cy prendre la racine cubique. Ainſi auſſi, ſi l'equation eſt entre
1 qqq, & 20000 qq—7846119. Il faudra premierement prendre la racine quarree: & puis apres de ceſte-cy la racine quarree de quarree.
Et ainſi des autres.

Des ſecondes racines.

CHAP. XI.

D'AVTANT qu'en pluſieurs operations ſont cherchez deux,
ou trois, ou dauantage de nombres ſouz vne proportion in-
certaine, il eſt neceſſaire pour euiter confuſion, qu'ayant poſé 1 ʀ
pour le premier nombre, on ne poſe derechef 1 ʀ pour le ſecond,
& encore 1 ʀ pour le troiſieſme. C'eſt pourquoy on a excogité les
ſecondes racines, leſquelles ſont nommees, & figurees diuerſement
par les autheurs: mais ſuiuant Stifel, Pelletier & Clauius, nous re-
tiendrons le nom de ſecondes racines, & les notterons ainſi: 1 A,
ſignifie 1 ʀ ſeconde; 1 B, denotte 1 ʀ tierce; 1 C, ſignifie 1 ʀ quarte,
&c. Et quand vn nombre a deux ſignes, il faut entendre que le nombre auec le premier ſigne a eſté multiplié par l'vnité du ſigne poſterieur; comme 1 ʀ A, ſignifie 1 ʀ multipliee par 1 A; & 3 ʀ A, ſignifie 3 ʀ multipliees par 1 A: Ainſi 1 qAq, monſtre que 1 q a eſté multiplié en 1 Aq, &c.

Or ces racines ont leur Algorithme particulier, auſſi bien que
les premieres racines. Et premierement quant à l'addition elle eſt
aiſée: car ſi elles ſont de meſme genre, faut ſeulement adiouſter les
nombres entr'eux, & au produit appoſer le meſme caractere d'icelles racines: comme 3 A, & 4 A, ſont enſemble 7 A: Item 5 B, & 3 B,
font 8 B. Mais quand icelles racines ne ſont de meſme genre, l'addi-

tion ſe faiĉt par le ſigne +: comme 3 A, & 4 B, ſont 3 A + 4 B : Item
3 ℞, & 4 A, ſont 3 ℞ + 4 A.

La ſouſtraĉtion eſt auſſi aiſee; car quand les racines ſont de meſme genre, il n'y a qu'à ſouſtraire vn nombre de l'autre, & appoſer au
reſte le meſme caraĉtere. Comme 3 A oſtez de 5 A, reſtent 2 A : Item
2 B oſtez de 5 B, reſtent 3 B. Mais quand icelles ſont de genres diffe-
rens, la ſouſtraĉtion ſe faiĉt par le ſigne —: comme 3 A oſtez de 4 B,
reſtent 4 B — 3 A.

Pour le regard de la multiplication, elle ſe faiĉt ainſi : Si vn nombre de racine premiere, doit eſtre multiplié auec vn nombre de racine ſeconde, ayant ſeulement la lettre A ou B, &c. Il faut multiplier les nombres entr'eux, & appoſer au produit les meſmes ſignes.
Comme 2 ℞ multipliees par 2 A, ſont 4 ℞ A ; c'eſt à dire 4 ℞ multipliees par 1 A : Item 2 A par 2 ℞, ſont 4 A ℞ ; c'eſt à dire 4 A multipliez
par 1 ℞ : Item 3 q multipliez par 4 B, ſont 12 q B ; c'eſt à dire 12 q multipliez par 1 B.

Mais quand vn nombre abſolu eſt multiplié auec vn nombre de
ſeconde racine, il faut appoſer au produit le ſigne de la ſeconde racine. Comme 6 multipliant 4 B, le produit eſt 24 B : Item 5 C multipliant 7, le produit eſt 35 C.

Que ſi vn nombre de ſeconde racine doit eſtre multiplié par vn
nombre de ſeconde racine de meſme lettre, il faut multiplier les
nombres entr'eux, & au produit appoſer la meſme lettre auec le caraĉtere q. comme 3 A multipliez par 4 A, feront 12 Aq.

Quand vn nombre de ſeconde racine eſt multiplié en ſoy quarrément ou cubiquement, &c. Il faut appoſer au produit la meſme
lettre auec le caraĉtere q, ou c, &c. Comme 2 A multipliez en ſoy
quarrément, le produit eſt 4 Aq ; mais cubiquemēt eſt produit 8 Ac :
Item 2 ℞ A par 2 ℞ A, ſont 4 qAq ; c'eſt à dire 4 q de premiere racine
multipliez par 1 q de ſeconde racine.

Mais quand vn nombre de ſeconde racine eſt multiplié en vn
autre de la meſme racine ſeconde, qui a auſſi vn caraĉtere coſſique;
il faut imaginer que le premier nombre ait pareillement le ſigne
coſſique ℞. Comme 1 A multiplié par 1 Aq, le produit eſt 1 Ac : Item
3 B, par 4 Bc, ſont 12 Bqq.

Que ſi vn nombre coſſique ſimple ſans lettre de ſeconde racine,
doit eſtre multiplié auec vn nombre marqué de lettre, & ſigne

coffique ; il faut multiplier les nombres entr'eux, & au product appofer les mefmes fignes. Comme 2c multipliez par 4 Aq, feront 8c Aq; c'eft à dire 8c multipliez en 1 Aq: Item 1c multiplié par 1℞ Aq, faict 1qq Aq; c'eft à dire 1qq multiplié par 1 Aq: Autant faict auffi 1qA multiplié en foy : car 1q multiplié en foy faict 1qq; & 1 A en foy faict 1 Aq.

Quand vn nombre ayant apres la lettre de feconde racine vn figne coffique, eft multiplié par vn nombre qui a pareillement apres la lettre de feconde racine vn figne coffique, le produit doit auoir outre la lettre, ou les lettres de feconde racine, le caractere coffique que donnent les expofans des caracteres. Comme 2 Aq, en 5 Ac, produifent 10 Aß: Item 3A multipliez par 4Bc, feront 12 ABß.

Mais quand vn nombre ayant vn caractere coffique apres la lettre de feconde racine, eft multiplié par vn nombre, qui apres le caractere coffique a auffi la lettre de feconde racine, il faut appofer au produit le dernier caractere coffique, fuiuy par la lettre de feconde racine, puis auffi du caractere coffique produit du premier caractere coffique multiplié par la lettre de feconde racine, comme fi elle auoit ce figne ℞. Comme 1Ac multiplié par 1qA, fera 1qAqq, qui fera auffi produit de 1℞ Aq multiplié en foy : Item 3Aq multipliez par 4cA, feront 12cAc, c'eft à dire 12c, multipliez par 1Ac.

Quant à la diuifion des fecondes racines, foit faict premieremēt reduction des fignes coffiques par la fouftraction des fignes femblables. Comme pour diuifer 8cAq par Aq : Ie fouftrais les fignes femblables Aq, & reftent 8c, & 4 : puis ie diuife 8c par 4, & viennent 2c pour le quotient de 8c Aq diuifez par 4 Aq : ainfi 8c Aq diuifez par 4c, le quotient eft 2 Aq.

Mais diuifant vn nombre ℞ par vn nombre des fecondes racines, le quotient fera nombre rompu. Comme 2℞ diuifees par 4A, le quotient eft $\dfrac{2℞}{4A}$

Quant à l'extraction des racines, il faut tirer la racine du nombre s'il en a, & appofer à icelle la lettre de feconde racine, reiettant le caractere coffique. Comme la racine quarrée du nombre 25 Aq, eft 5A : Item la racine cubique du nombre 27 Ac, eft 3A ; & la racine quarree du nombre 16 Dqq, eft 2D.

Mais ſi le nombre n'a telle racine, ou le caractere n'eſt de meſme appellation que la racine qu'il faut extraire. Il faut ſeulement appoſer à iceluy nombre lettre & caractere, le ſigne radical. Comme la racine cubique du nombre 3Aq, eſt $\mathcal{V}c$3Aq. Item la racine quarree du nombre 4 Ac, eſt $\mathcal{V}$ 4Ac.

Quant à la preuue des operations de ceſt Algorithme des ſecondes racines, elle ſe fera tout ainſi qu'és premieres racines; ſçauoir eſt que l'addition & ſouſtraction, ſe prouueront l'vne l'autre: comme auſſi la multiplication & diuiſion : ou bien plus intelligiblemẽt par les progreſſions Geometriques commençant à l'vnité, miſes à la page 14 , prenant celle de la raiſon double pour les premieres racines : mais celles de la raiſon triple pour les ſecondes racines : tellement que 1℞ vale 2 : mais 1A, 3 ; 1q , 4 ; 1Aq, 9 ; 1Ac, 27 ; 1℞A , 6 ; 1℞Aq, 18 ; &c.

Des nombres irrationaux ou ſourds.

CHAP. XII.

NOMBRES irrationaux, ou ſourds, ſont les racines des nombres, leſquelles ne ſe peuuent exprimer par nombres; tellement que pour expliquer telles racines on ſe ſert de ces ſignes γ, γc, $\gamma\gamma$, $\gamma\beta$, $\bar{\gamma}qc$, &c. Comme la racine quarree de 5, eſt ditte ſourde ou irrationelle, pource qu'on ne peut trouuer aucun nombre (ſoit entier, ou entier auec fraction) qui multiplié en ſoy produiſe 5 : tellement que ceſte racine quarree de 5, ſera marquee ainſi, γ5 : ou ainſi γq5. Item la racine cubique de 7 ſera marquee ainſi γc7. Item la racine quarree de quarree de 12, ainſi $\mathcal{V}\gamma$ 12, ou ainſi $\mathcal{V}qq$12, & ainſi des autres.

Eſt toutesfois à notter que tout nombre qui a le ſigne γ, n'eſt pas pourtant irrationel, car quelquesfois pour la commodité de l'operation, au lieu de tirer la racine de quelque nombre, on luy appoſe ſeulement le ſigne de la racine requiſe.

Or il y a deux genres de racines ſourdes : car les vnes ſont ſimples : comme γq, de quelque nombre non quarré : γc de quelque nombre non cube, &c. & ces racines ſimples ſont auſſi appellees par quelques-vns nombres mediaux. Les autres racines ſourdes, font compofees par l'interpofition des fignes + & —: & icelles font appellees par aucuns multinomies radicales; & par d'autres nombres irrationaux compofez, ou diminuez: compofez quand les nombres font liez & conjoints par le figne +, côme γ7+γ10: mais diminuez, quand les nombres font liez par le figne —: comme γ5—γ13, ou γ10—γc7.

De la reduction des racines fimples à vne mefme denomination.

CHAP. XIII.

AFIN que les fimples racines fourdes fe puiffent multiplier & diuifer entr'elles, il eft neceffaire qu'elles foient reduites en vne mefme denomination, fi elles font de diuerfes: laquelle reduction fe faict prefque en la mefme maniere, que la reduction des fractions de diuerfes denominations à vne mefme: Car ayant pofé les fignes radicaux, chacun fouz leur nombre, il faut multiplier vn chacun nombre en foy, felon le figne radical de l'autre: puis apres multiplier les expofans des fignes entr'eux, afin d'auoir l'expofant du figne commun. Comme pour exemple, foient les deux racines γ7, & γc5, qu'il faut reduire en racines de mefme efpece. Ayant pofé ces deux racines ainfi qu'il appert icy; ie multiplie 7 cubiquement à caufe du figne c, & viennent 343 au lieu de 7; puis ie multiplie 5 quarrément à caufe du figne γ du nombre 7, & viennent 25, pour & au lieu de 5: & finalement ie multiplie les expofans des fignes γ & γc

$$343. \quad 25$$
$$\overline{} \quad \overline{}$$
$$7\ \mathbf{X}\ 5$$
$$\gamma \quad\ \ \gamma c$$
$$2\ \overline{}\ 3$$
$$6$$

entr'eux: fçauoir eft 2, par 3, & viennent 6, qui eft expofant du caractere qc: tellement que γ7, & γc5 ferôt reduites à γqc343, & γqc25. Quoy faict γqc343 fera egale à γ7, & γqc25 egale à γc5. Car γ7 eft γqc du nombre 343, pource que γ7 en foy quarrément faict 7; & 7 en foy cubiquement faict 343. Par mefme raifon γc5 eft γqc du nombre 25, à caufe que γc5 en foy cubiquement faict 5, & 5 en foy quar-

rément faict 25. Dauantage, puifque $\sqrt{c}$ multipliant $\sqrt{q}$, & 7, a produit $\sqrt{qc}$, & 343, par la 17. p. 7. il y aura mefme raifon de $\sqrt{qc}$ à 343,
que de $\sqrt{q}$, à 7. Ainfi auffi, puifque $\sqrt{q}$ multipliant $\sqrt{c}$ & 5, a faict $\sqrt{qc}$
& 25 : il y aura mefme raifon de $\sqrt{qc}$ à 25, que de $\sqrt{c}$ à 5 : & partant $\sqrt{7}$
fera egale à $\sqrt{qc}$343, & $\sqrt{c}$5 egale à $\sqrt{qc}$25. Procedant en la mefme maniere que defs⁹ pour reduire $\sqrt{5}$ &
$\sqrt{c}$10 en vne mefme denominatiõ,
on trouuera $\sqrt{qc}$125, & $\sqrt{qc}$100,
comme il appert en cefte formu-
le. Ainfi auffi $\sqrt{c}$2, & $\sqrt{\sqrt{}}$3, eftans
reduites à mefme efpece ou de-
nomination, feront 32 $\sqrt{qc}$, & 27 $\sqrt{qc}$,
comme il appert en cefte autre fi-
gure.

　　Il y a quelques abreuiations en
cefte operation, comme quand il
faut reduire vn nombre abfolu, &
vn radical en mefme efpece : car
alors il n'y a qu'à multiplier en foy
quarrémét ou cubiquement, &c.
le nombre abfolu, & au produit

appofer le figne radical de la racine. Comme 6, & $\sqrt{5}$, eftans reduits
à mefme efpece feront $\sqrt{36}$, & $\sqrt{5}$. Item 2 & $\sqrt{c}$4, feront $\sqrt{c}$8, &
$\sqrt{c}$4.

　　Item voulant reduire ces deux racines $\sqrt{c}$8, & $\sqrt{\sqrt{}}$25. Ie prends de
8 la racine cubique 2 : puis apres la racine quarree de 25, qui eft 5, à
laquelle i'appofe vn figne radical reftant $\sqrt{}$, ainfi $\sqrt{5}$. I'ay donc maintenant pour les deux racines propofees vn nombre abfolu 2, &
vn nombre radical $\sqrt{5}$, qui reduits comme dit eft cy-deffus, font $\sqrt{4}$
& $\sqrt{5}$.

　　Item voulant reduire ces deux racines $\sqrt{c}$2 & $\sqrt{qc}$6, en mefme efpece, ie multiplie 2 en foy quarrémét à caufe du figne q, qui eft en
l'autre racine outre le figne c, & faict 4, auquel i'appofe le figne q, &
fera faicte la reduction à $\sqrt{qc}$4, & $\sqrt{qc}$6.

　　Item voulant reduire $\sqrt{\sqrt{}}$19, & $\sqrt{3}$ en mefme denomination. Ie
multiplie le nombre de la moindre denomination, fçauoir eft 3, en
foy quarrémét, à caufe du figne $\sqrt{}$, qui eft en la plus grande deno
　　　　　　　　　　　　　　　　　　　　　　　　　　　mination

mination outre $\sqrt{}$, & viennent $\sqrt{}\sqrt{}$19, & $\gamma\sqrt{}$9 pour la reduction en
mefme efpece des deux racines propofees. Ainfi γqc8, & $\sqrt{}$9, feront
reduites à γqc8, & $\sqrt{}qc$729 multipliant le nombre 9 de la moindre
denomination en foy cubiquement, à caufe du caractere c, qui outre q eft en la plus grande denomination.

Or auparauant que venir à l'Algorithme d'icelles racines fourdes, il eft neceffaire que nous enfeignions le probleme fuiuant.

*Cognoiftre fi deux racines font commenfurables, ou incommenf. & quelle
raifon elles ont entr'elles.*

Soit diuifé le nombre de la plus grande racine, par celuy de la
moindre, (icelles eftans reduites en mefme efpece fi elles n'y font)
& fi au quotient vient vn nombre qui ait la racine denottee par le
figne radical d'icelles racines propofees, elles feront commenf. entr'elles, autrement non: & auront telle raifon l'vne à l'autre, que le
quotient à l'vnité, ou fi le quotient eft vne fraction, elles feront entr'elles comme le numerateur au denominateur. Comme $\sqrt{}$12 & $\sqrt{}$3,
font commenf. entr'elles. Car 12 eftans diuifez par 3, le quotient eft
4, dont la racine quarree eft 2, & feront l'vne à l'autre comme 2 à 1.
Item $\sqrt{}c$320 & $\sqrt{}c$135 font commenf. car 320 eftans diuifez par 135, le
quotient eft 2$\frac{10}{27}$, ou $\sqrt{}c\frac{64}{27}$, c'eft à dire $\frac{4}{3}$: & leur raifon eft comme 4
à 3. Item γqc64 & $\sqrt{}c$27 font commenf. & leur raifon eft comme 3
à 2: car icelles eftans reduites en mefme efpece, feront $\sqrt{}qc$64 &
$\sqrt{}qc$729, & la diuifion faicte, le quotiét fera $\sqrt{}qc$11$\frac{25}{64}$, ou $\sqrt{}qc\frac{729}{64}$, c'eft
à dire $\frac{3}{2}$.

Mais $\sqrt{}$5 & $\sqrt{}$30 font incommenfurables: car 30 eftans diuifez par
5, le quotient eft 6, qui eft nombre irrationnel, pource qu'il n'a pas
de racine quarree: toutesfois ils ont mefme raifon que $\sqrt{}$6 à 1. Item
$\sqrt{}c$32 & $\sqrt{}c$24 feront auffi incommenffables: car diuifant 32 par 24, le
quotient fera 1$\frac{1}{3}$, ou $\frac{4}{3}$ qui n'a point de racine cube: & toutesfois ils
feront entr'eux comme $\sqrt{}c$4 à $\sqrt{}c$3, ou comme $\sqrt{}c\frac{4}{3}$ à 1.

De la multiplication, & diuifion des racines fimples.

CHAP. XIV.

COMBIEN que l'addition & fouftraction precedent ordinairement la multiplication & diuifion, fi eft-ce toutesfois qu'aux

G

racines fimples, on commence par la multiplication & diuifion,
à caufe que l'addition & la fouftraction ne fe peuuent paracheuer
fans la multiplication. Quand donc deux racines de mefme genre
doiuent eftre multipliees ou diuifees entr'elles, il faut multiplier ou
diuifer les nombres entr'eux, & appofer au nombre produit le mefme figne radical. Comme pour exemple, voulant multiplier √7.
par √10, ie multiplie 7 par 10, & viennent 70, aufquels i'appofe le
figne radical, & font √70. Ainfi √3 par √12, produit √36, c'eft à dire
6. Ainfi √2¼ par √8, le produit eft √18. Ainfi √c3 par √c7, viennent
√c21. Ainfi √√4, par √√8, viennent √√32. Mais pour diuifer √70,
par 10. le diuife 70 par 10, & viennent 7, aufquels i'appofe le figne
radical, & font √7. Ainfi √18 par √8, le quotient fera √2¼, c'eft à
dire ½ ou 1½. Ainfi √c21 par √c3, le quotient fera √c7.

Mais quand les deux racines propofees font de differente efpece, il les faut reduire à vne mefme : puis apres faire la multiplication ou diuifion comme deffus. Comme pour exemple, voulant
multiplier √3 par 4. Ie reduits le nombre abfolu 4, & font √16 : puis
ie les multiplie comme deffus, & viennent √48. Ainfi √5 multipliee
par √c10. le produit fera √qc12500. Ainfi auffi √½ par √√⅔, produit
√√²⁄₁₁. Mais diuifant √48 par 4, le quotient fera √3. Ainfi √qc12500
diuifee par √c10, le quotient fera √5.

Mais fi quelque racine doit eftre multipliee en foy quarrément,
ou cubiquement, &c. felon le figne radical qui luy fera appofé, il
faut feulement prendre le mefme nombre pour le produit, delaif-
fant le figne radical. Comme √3 eftant multipliee quarrément pro-
duira 3 : car √3 en √3, faict √9, c'eft à dire 3. Item √7 multiplié en
foy quarrément faict 7, c'eft à dire √49, qui eft 7. Semblablement
√c5 multipliee en foy cubiquement fera 5. Car √c5 en √c5 fait √c25,
& √c5 en √c25 faict √c125, c'eft à dire 5, & partant la racine cubique
de ce produit eft √c5.

Et s'il falloit multiplier quelque racine en foy felon l'exigence
d'vn autre figne radical, il faudroit multiplier le nombre en foy felon que requerroit cet autre figne radical, & appofer au produit le
figne radical du nombre multiplié. Ainfi de √6 multipliee en foy
cubiquement eft faict √216 : d'où aduient que la racine cubique de
ce produit fera √6 : car de √6 en foy eft faict √36, & de √6 en √36
eft faict √216. Item de √c8 en foy quarrément eft faict √c64, c'eft à
dire 4. D'où aduient que la racine quarrée de ce nombre √c64 eft

√c8, c'est à dire 2. Semblablement de √qc6 en soy quarrément est faict √qc36, c'est à dire √c6. Car la racine quarree du nombre 36 est 6, & la racine cubique d'iceluy est √c6. Parquoy la racine quarree du nombre √qc36, ou √c6, est √qc6. Item de √qc6 en soy cubiquement se faict √qc216, ou √q6 ; pource que la racine cubique de ce nombre 216 est 6, & la racine quarree d'iceluy est √6. Parquoy la racine cubique du nombre √qc216 ou √6, est √qc6. Item de √√6 multiplié en soy quarrément est faict √√36, c'est à dire √6, pource que la racine quarree du nombre 36 est 6, & la racine quarree d'iceluy 6 est √6 ; d'où aduient que la racine quarree du nombre √√36, ou √6 est √√6. Parquoy afin d'obtenir le quarré de quelque racine censicensique, il n'y a qu'à oster vn signe √ : comme en cet exemple le quarré de √√6 est √6 : Ainsi aussi le quarré de √√8 est √8, & ainsi des autres.

Parquoy si quelque racine quarree sourde doit estre doublee, il n'y a qu'à multiplier le nombre d'icelle par 4 quarré de 2 : ainsi voulant doubler √7, ie multiplie 7 par 4, & viennent √28. Item voulant doubler √12, ie multiplie 12 par 4, & viennent √48 pour le double de √12.

Pareillement s'il faut doubler vne racine cubique sourde, il n'y a qu'à multiplier son nombre par 8 cube de 2. Ainsi voulant doubler √c7, ie multiplie 7 par 8, & viennent √c56 pour le double d'icelle racine proposee : Item pour doubler √c12, ie multiplie 12 par 8, & vient √c96 pour iceluy double de √c12.

En la mesme maniere, quelconque racine sera multipliee par 3, 4, 5, &c. si lesdits nombres sont multipliez censiquement, ou cubiquement, ou censicensiquement, selon la condition de la racine proposee à multiplier. Ainsi voulant tripler √12, ie multiplieray 12 par 9, quarré de 3, & viendront √108 pour le triple de √12. Mais voulant quadrupler √c7, ie multiplieray 7 par 125, cube de 5, & viendront √c875 pour iceluy quadruple de √c7.

D'icy est manifeste que nous cognoistrons facilement la somme de tant qu'on voudra de racines sourdes egales : car multipliant vne d'icelles par autant d'vnitez qu'il y a de racines proposees, viendra la somme d'icelles. Ainsi pour adiouster ensemble cinq √7, il ne faut que multiplier 7 par 25 quarré de 5, & viendront √175 pour la somme d'icelles cinq racines. Item pour adiouster quatre √c5, il n'y a qu'à multiplier 5 par 64, cube de 4, & viendront $\gamma c 320$ pour l'aggregé d'icelles racines.

$$\gamma 3 \qquad \gamma 12$$
$$\overline{A \quad B \qquad\qquad C}$$

Or que la multiplication de racine en racine soit bien faicte en procedant comme dit est cy dessus, Clauius le demonstre aux racines quarrees ainsi. Soient deux lignes $AB\gamma 3$ & $BC\gamma 12$: Ie dis que $\gamma 36$, c'est à dire la racine quarree du nombre 36, qui est faict du quarré 3 de la ligne AB au quarré 12 de la ligne BC, est le nombre produit de la ligne AB, c'est à dire de $\gamma 3$ en la ligne BC, c'est à dire en $\sqrt{12}$. Car d'autant que par le lemme de la 54.p.10. le rectangle contenu sous AB, BC est moyen proportionnel entre les quarrez d'icelles AB, BC, par la 20.p.7. ce qui sera fait de 3, quarré de la ligne droicte AB, en 12 quarré de la ligne BC, sera egal à ce qui sera fait du rectangle de AB, BC multiplié en soy : & partant le produit de AB en BC sera racine quarree du produit de 3, quarré de AB, en 12 quarré de BC : ce qu'il falloit demonstrer.

On demonstrera le mesme en toutes les autres racines en ceste maniere. Soit A, $\sqrt{q}$ du nombre B ; & C, $\sqrt{q}$ du nombre D ; & de A en B soit fait le cube E, afin que A soit $\sqrt{c}$ du nombre E : & de C en D soit faict le cube F, afin que C soit $\sqrt{c}$ du nombre F. Item de A en E soit fait le quarré de quarré G, tellement que A soit $\sqrt{}\sqrt{}$ du nombre G ; & de C en F soit faict le censicense H, afin que C soit $\sqrt{}\sqrt{}$ du nombre H : & finablement de A en C soit fait I ; & du quarré B au quarré D, soit fait le quarre K ;

		M 1296.	
G 16.			H 81.
		L 216.	
E 8.			F 27.
		K 36.	
B 4.			D 9.
		I 6.	
A 2.			C 3.

& puis du cube E au cube F qu'on fasse le cube L ; & du quarré de quarré G, au censicense H, on fasse aussi le censicense M. Ie dis que le nombre I produit de A, $\sqrt{q}$ de B en C, $\sqrt{q}$ de D, est la $\sqrt{q}$ du nombre K, produit du quarré B au quarré D : Item que le mesme nombre I, produit de A, $\sqrt{c}$ de E en C, $\sqrt{c}$ de F, est $\sqrt{c}$ du nombre L, produit du cube E au cube F : finablemēt que le mesme nombre I, produit de A, $\sqrt{}\sqrt{}$ de G en C, $\sqrt{}\sqrt{}$ de H, est $\gamma\gamma$ du nombre M, produit du qq G en qq H : & ainsi consecutiuement par ordre, fi A & C eftoient multipliez en G & H afin de produire les furfolides ; & puis apres les quarrez cubes, &c. Car d'autant que A multipliant A & C, a fait B & I, par la 17.p.7. B fera à I, comme A à C : Item pource que C multipliant A & C a faict I & D, auffi I fera à D, comme A à C, c'eft à dire comme B à I ; & partant B, I, D, font continuellement proportionnaux. Donc par la 20.p.7. le mefme nombre fera faict de B en D, que de I en foy : Mais de B en D eft faict K : donc le mefme K fera faict de I en foy, c'eft à dire que I fera √q du nombre K.

Dauantage puifque B multipliant A & D a fait E & K, par la mefme 17 prop. du 7. E fera à K, comme A à D : Item pource que C multipliant A & D a faict I & F, auffi I fera à F comme A à D, c'eft à dire comme E à K ; & partant les quatre nombres E, K, I, F, font proportionnaux. Parquoy le mefme nombre fera fait de E en F que de K en I par la 19 p.7. Mais de E en F a efté faict le cube L : donc le mefme cube L fera faict de I en K fon quarré ; & partant I fera √c du nombre L.

Derechef pource que E multipliant A & F a faict G, & L, il y aura mefme raifon de G à L, que de B à F : Item C ayãt multiplié A & F a faict I & H ; parquoy I fera auffi à H comme A à F, c'eft à dire comme G à L ; & partant les quatre nombres G, L, I, H, font proportionnaux. Donc par la 19 prop. 7. le mefme nombre fera faict de G en H, que de I en L. Mais de G en H a efté fait le quarré de quarré M : donc auffi M fera faict de I en fon cube L ; & partant I fera √ √ du nombre M, & ainfi des autres. Ce qu'il falloit demonftrer.

Or encore que en l'exemple cy-deffus les nombres foient pofez rationnels, toutesfois le mefme eft auffi vray en nombres irrationnels, comme enfeigne Maurolicus en fon Arithmetique, & ainfi qu'il appert en cefte formule où a lieu la mefme demonftratiõ. Car comme les pro-

	M 225, ou √50625.	
G 9, ou √81.		H 25, ou √625.
	L √3375.	
E √27.		F √125.
	K 15, ou √225.	
B 3, ou √9.		D 5, ou √25.
	I √15.	
A √3.		C √5.

poſitions du 7 liure d'Eucl. ſont demonſtrees en nombres rompus, ainſi ſeront elles auſſi demonſtrees en nombres ſourds. Pour
exemple, puiſque A multipliant A & C a faiƈt B & I, il appert par
la 15. def. 7. que B ſera à A, & I à C, comme A à l'vnité, encore que
ceſte proportion ſoit irrationnelle: donc B ſera à A, comme I à C, &
en permutant B ſera à I, comme A à C; & partant A multipliant les
deux A & C, a fait les deux B & I, qui ont meſme proportion que
les multipliez A & C, comme veut la 17. p. 7. Il y a meſme raiſon
des autres propoſitions d'iceluy 7. liure d'Euclide.

Quant à la diuiſion de racine par racine, il eſt manifeſte qu'elle
ſera auſſi bien faiƈte ſi on obſerue le precepte enſeigné, puis que le
quotient multiplié par le diuiſeur produit le nombre diuiſé. Comme √15 eſtant diuiſé par √3, le quotient fait √5; & √5 eſtant multipliee en √3 faiƈt √15, comme il a eſté demonſtré: il n'y a donc point
de doubte que la diuiſion a eſté bien faiƈte.

Les racines rationnelles pourront d'abondant monſtrer apper-
tement la verité de ceſte maniere d'operer, tant en la multiplication qu'en la diuiſion. Car pour exemple, √4 multiplié par √25,
faiƈt √100, c'eſt à dire 10, autant que 2 par 5. Et √100 diuiſee par √4,
le quotient eſt √25, c'eſt à dire 5, qui eſt autant que diuiſer 10 par 2.
Item multipliant √c8 en √c27, eſt faiƈt √c216, c'eſt aſſauoir 6, qui eſt
le meſme produit que multipliant 2 par 3: mais diuiſant le produit
√c216 par le multiplicateur √c27, vient au quotient le multiplié
√c8, c'eſt à dire 2, &c.

De l'addition des racines ſimples.

CHAP. XV.

QVAND deux ou pluſieurs racines egales doiuent eſtre adiouſtees enſemble, nous auons dit au chap. 14. qu'il n'y a qu'à les
multiplier par 2, ou par 3, ou par 4, &c. ſelon le nombre d'icelles racines à adiouſter. Comme pour exemple, voulant adiouſter en vne
ſomme √6 & √6, ie double √6, & font √24, pour l'agregé d'icelles
deux racines. Item √c6, √c6, & √c6, feront enſemble √c162, car
√c6 triplee, c'eſt à dire multipliee par √c27, a faiƈt √c162, & ainſi
des autres.

Mais quand deux racines inegales doiuent eſtre adiouſtees enſemble, icelles ſoient premierement reduites à meſme eſpece, ſi elles n'y ſont, puis ſoit aduiſé ſi elles ſont commenſurables, ou incommenſurables. Que ſi leſdites racines ſont commenſurables; ayant diuiſé la plus grande par la moindre, ſoit adiouſté vne vnité au quotient rationnel, & la ſomme eſtant multipliée par la moindre racine, ſera donnee la ſomme de l'addition des deux racines propoſees. Comme pour exemple, ſoient propoſees à adiouſter $\gamma\,18$ & $\gamma\,8$. Diuiſant la plus grande par la moindre, le quotient eſt $\gamma\,2\frac{1}{4}$, c'eſt à dire $\frac{9}{4}$, & adiouſtant 1, c'eſt $\frac{13}{4}$, qui multipliez par $\gamma\,8$, le produit eſt $\gamma\,50$, pour la ſomme des deux racines propoſees. Ainſi $\gamma\,12$ adiouſtez à $\gamma\,3$, la ſomme eſt $\gamma\,27$. Item $\gamma c\,320$ adiouſtee à $\gamma c\,135$, faict la ſomme $\gamma c\,1715$: Item $\gamma\,4$ adiouſtee à $\gamma c\,8$, faict 4: Item $\gamma\frac{1}{2}$ adiouſtee à $\gamma\frac{8}{9}$, faict $\gamma\frac{49}{18}$.

La raiſon de ceſte maniere d'adiouſter les racines ſimples n'eſt difficile: car il eſt manifeſte que ſi le quotiĕt d'vne diuiſion eſt multiplié par le diuiſeur (qui eſt icy la moindre racine) ſera produit le nombre diuiſé, (qui eſt icy la plus grande racine): & ſi l'vnité eſt auſſi multipliée par le meſme diuiſeur, ſera produit iceluy diuiſeur; & partant la ſomme des deux produits ſera l'aggregé du diuidande & du diuiſeur, c'eſt à dire des deux racines propoſees. Mais par la 1. p. du Schol. de la 14. p. 9. qui reſpond à la 1. p. 2. vn meſme nombre eſt fait du diuiſeur en la ſomme du quotient & d'vne vnité, que du meſme diuiſeur par le quotient, & puis encore en l'vnité. Donc la ſomme des deux racines donnees ſera produite par la multiplication de la moindre racine en la ſomme recueillie du quotient & de l'vnité.

Que ſi les racines propoſees ſont incommenſ. faut ſeulement interpoſer entre deux le ſigne +; comme $\gamma\,6$ adiouſtee à $\gamma\,11$, faict $\gamma\,6 + \gamma\,11$.

Or il y a encore pluſieurs autres manieres d'adiouſter les racines commenſ. deſquelles la ſuiuante me ſemble aiſee. Ayant trouué la raiſon des racines propoſees, ſoit poſé au premier terme d'vne regle de trois, l'vn des nombres d'icelle raiſon; au ſecond terme, la ſomme d'iceux nombres de la raiſon; & au 3e, la racine correſpondante au terme de la raiſon poſé au premier terme; & faiſant la regle comme il appartient, le quatrieſme nombre qui viendra ſera la

ſomme des racines propoſees. Comme au premier exemple cy-deſſus, la raiſon des racines a eſté trouuée comme 3 à 2 : poſant donc 3,
ou 2 au premier terme de la regle de trois, mais 5 au ſecond, & γ18,
ou γ8 au 3ᵉ, le 4ᵉ ſera γ50 : & ſe faiᵭ la regle de trois, ainſi qu'il appert cy deſſouz.

Si 3 donnent 5, que donneront γ18. ou ſi 2 donnent 5, combien γ8.

γ9	γ25	25	γ4	γ25
		90		8
		36		200
		450		$z \phi \phi$ [γ50.

o

$4 \not8 \phi$ [γ50 *ſomme des racines* γ18 & γ8. *propoſees à adiouſter.*
$\not9 \not9$

La raiſon de ceſte autre maniere d'adiouſter les racines ſimples
eſt manifeſte : car puis que les termes d'vne proportion ſont cogneuz, en compoſant la ſomme des deux premiers termes, ſera au
plus grand ou au moindre d'iceux, comme la ſomme des deux derniers ſera au plus grand ou au moindre d'iceux ; & en changeant
comme le plus grand, ou le moindre des deux premiers termes ſera
à la ſomme d'iceux, ainſi auſſi le plus grand, ou le moindre des
deux derniers termes, qui ſont les racines donnees, ſera à la ſomme
d'iceux termes, c'eſt à dire deſdites racines propoſees.

De la ſouſtraᵭion des racines ſimples.

CHAP. XVI.

SI les racines ſont incommenſ. il n'y a qu'à interpoſer le ſigne —.
Comme γ3 oſtee de γ10, reſtera γ10—γ3. Item γc20, oſtee de
γc50, reſte γc50—γc20.

Mais quand les racines ſont commenſ. Ayant diuiſé la plus grande par la moindre, ſoit oſté du quotient rationel vne vnité ; puis le
reſte ſoit multiplié par la moindre racine, & le produit ſera le reſte
deſiré.

deſiré. Comme pour exemple, qu'il faille ſouſtraire $\gamma 8$ de $\gamma 50$: Ie
diuiſe donc 50 par 8, le quotient eſt $6\frac{1}{4}$, dont la racine quarrée eſt
$\frac{5}{2}$, de laquelle i'oſte vn entier, & reſte $\frac{3}{2}$, que ie multiplie par $\gamma 8$, &
vient $\gamma 18$, pour le reſte deſiré. Item qui de $\gamma 27$ oſte $\gamma 3$, reſte $\gamma 12$.
Ainſi qui de $\gamma c 1715$ oſte $\gamma 320$, reſte $\gamma c 135$. Ainſi auſſi qui de $\gamma \frac{49}{18}$
oſte $\gamma \frac{1}{2}$, reſte $\gamma \frac{8}{9}$.

Ceſte operation ſe faict auſſi par la regle de trois, mettant au
premier & troiſieſme terme les nombres ſpecifiez au chap. preced.
mais au deuxieſme la difference des termes de la raiſon, comme il
appert cy deſſouz.

Si 5 donnent 3, combien $\gamma 50$: ou ſi 2 donnent 3, combien $\gamma 8$.

$\gamma 25.$	$\sqrt{9}.$	9	$\sqrt{4}.$	$\sqrt{9}$	9
		450			72
		4			
		2ϕ		3	
		48ϕ [$\sqrt{18}$		72 [18 *reſte*; $\sqrt{8}$ *eſtant*	
		288		44 *oſté de* $\sqrt{50}.$	
		2			

La raiſon de ſouſtraire les racines ſimples par l'vne & l'autre des
manieres cy-deſſus eſt manifeſte, par ce que nous auons dit au chapitre precedent de l'addition, c'eſt pourquoy nous paſſerõs outre.

De l'addition des nombres irrationaux compoſez & diminuez.

CHAP. XVII.

POVR adiouſter nombres irrationaux compoſez & diminuez,
il les faut diſpoſer l'vn au deſſouz de l'autre ; puis adiouſter
chaſques racines ſimples, comme il a eſté dit en l'Algorithme pre-
cedant, obſeruant les regles de + & —, que nous auons enſeignez
au chap. 4 ; c'eſt à ſçauoir *qu'aux ſignes ſemblables, il faut adiouſter ſans*
changer le ſigne; mais qu'aux diſſemblables, il faut ſouſtraire, & poſer le
ſigne du plus grand nombre.

H

Or d'autãt qu'il ne se faict rien en ceste operation, qui n'ait desia esté enseigné cy-deuant, la chose sera assez manifeste par exemples sans dauantage de discours.

6+√18.	√27+√8.	√162—2.	√50+3.
4+√8.	√12+√2.	√200—3.	√32—5.
10+√50.	√75+√18.	√722—5.	√162—2.

√50—3.	8—√50.	√50+6.
√32+5.	√242—12.	24—√242.
√162+2.	√72—4.	30—√72.

√c216—√√405.	√√256—√c27.
√c64—√√80.	√√81+√c8.
10—√√3125.	7—1.

Et est à notter pour briefueté, que les deux particules d'vn nombre composé se rencontrant totalement egales aux deux particules d'vn nombre diminué, il n'y a qu'à doubler la premiere particule de l'vn d'iceux nombres. Comme pour adiouster 15+√8 à 15—√8: Ie double seulement 15 & font 30 pour la somme de l'addition. Item √20+6 adioustez à √20—6 font √80, & ce d'autant que les dernieres particules se destruisent l'vne l'autre, à cause des signes + & —.

De la soustraction des nombres irrationnaux composez & diminuez.

C H A P. XVIII.

POVR soustraire tels nombres, il les faut disposer l'vn au dessus de l'autre, puis soustraire chasques racines comme il a esté dit au chap. 16. obseruant les regles des signes + & — enseignees au chap. 4. sçauoir est *qu'aux signes semblables, il faut soustraire (si faire se peut) sans changer le signe: mais si on ne peut soustraire, il faudra oster le superieur de l'inferieur, & changer le signe. Mais aux signes dissembla-*

bles, il faut adiouster, & apposer le signe superieur.

Ceste operation peut estre facilement entendue par les exemples suiuans, sans autres preceptes.

√50—5	√√1875+√√1250.	√50+2.	√50—2.
√8 —2	√√243 + √√162.	√18+4.	√18—4.
√18—3	√√48 + √√32.	√8—2.	√8+2.

√162+2.	√162—2.	√72—4.	30—√72.	√0+16.
√50—3.	√50+3.	8—√50.	√50+6.	√320—8.
√32+5.	√52—5.	√242—12.	24—√242	24—√320.

√√2401—√c1.	√c1000+√√3125.	√180+0
√√256—√c27.	√c216 — √√405.	√320—8
√√81+ √c8.	4+ √√20480	8— √20

Et est à noter pour briefueté, que les deux particules d'vn nombre composé se rencontrans du tout egales à deux particules d'vn nombre diminué, il faut seulement doubler la derniere particule de l'vn des nombrés. Comme pour soustraire √12—5, de √12+5. Ie double la derniere particule 5, & vient le nombre 10, pour reste de la soustraction. Ainsi 10—√4, ostez de 10+√4, resteront √16, c'est à dire 4: Item √12—√5 ostee de √12+√5, restent √20. Et ce d'autant que + destruit +; mais + & — se doiuent adiouster.

De la multiplication des nombres irrationaux composez & diminuez.

CHAP. XIX.

POVR faire ceste operation, & aussi la suiuante, il faut retenir la regle de + & — enseignee au chap. 5. sçauoir est *qu'aux signes semblables faut poser +, mais aux dissemblables* —. Ayant donc posé l'vn des deux nombres au dessous de l'autre, soit faicte la multiplication comme és nombres absolus, obseruant toutesfois ce que

H ij

nous auons dit au chap.14. de la multiplication des racines simples, & au chap. 15. de l'addition & souſtraction des meſmes racines. Ce qui ſera enſeigné és exemples deſcrits cy deſſous. Comme en l'exemple ſuiuant, — √45 en — √20, faict + √900, c'eſt à dire +30, &

— √45 par +6, c'eſt à dire en + √ 36, fait — √1620, & √ —20 par +8, c'eſt à dire par +√64, faict —√ 1280. Et finalement +8 en +6, faict +48 : Et partãt tout le nombre produit ſera 48—√1280—√ 1620+30, qui reduit par addition de +48 à 30 ; & de —√1280 à —√ 1620 : ſera 78—√5780.

Multiplicande 6—√20.
Multiplicateur 8—√45.

Pr. 48—√1280—√1620+30 *qui par reduction ſera* 78—√ 5780.

En cet autre exemple, ie multiplie —√√648 par —√√162, & vient + √√104976, c'eſt à dire + 18 : & +√√288 par—√√162, faict —√√46656, c'eſt à dire —√216 : & —√√648 par +√

Multiplicande √ √288— √ √648.
Multiplicateur √√128 — √√162.

Produit √192—√288—√216+18.

ou 18 + √192—√288—√216.

128, faict —√√82944, c'eſt à dire —√288 : & finalemēt +√√288 par +√√128 faict +√√36864, c'eſt à dire +√192 ; & partant tout le nombre produit de la multiplication ſera √192—√288—√216+18, ou bien 18+√192—√288—√216.

En cet exemple nous reduiſons premierement √β6, & √3 en vne meſme denomination, c'eſt à ſçauoir à √qβ36, & √qβ243, & ces deux nõbres multipliez entr'eux, le produit eſt +√qβ8748 : puis

Multiplicande √c7+√β6.
Multiplicateur √ 3.

Produit √qc1323+ √qβ8748.

apres nous reduiſons √c7, & √3 à √qc49, & √qc27 de meſme eſpece, & ces deux-cy eſtans multipliez entr'eux, le produit eſt √qc1323.

Au premier de ces deux exemples est multiplié vn nombre composé en soy, dont le pro- duit est $49 + \sqrt{245}$

$$7 + \sqrt{5}$$
$$7 + \sqrt{5}$$
$$\overline{}$$
$$49 + \sqrt{245} + \sqrt{245} + 5.$$

$$7 - \sqrt{5}.$$
$$7 - \sqrt{5}.$$
$$\overline{}$$
$$49 - \sqrt{245} - \sqrt{245} + 5.$$

$+ \sqrt{245} + 5$, c'est à dire $54 + \sqrt{980}$, pource que 49 & $+5$, font 54, & $\sqrt{245}$ auec $\sqrt{245}$, c'est à dire le double de $\sqrt{245}$, faict $\sqrt{980}$. Mais au 2e exemple est multiplié vn nombre diminué en soy, dont le pro- duit est $49 - \sqrt{245} - \sqrt{245} + 5$, c'est à dire $54 - \sqrt{980}$. Or pour brief- uement faire telle multiplication, c'est à dire multiplier vn nombre composé de racines quarrees en soy, ou par vn autre egal, il ne faut qu'adiouster ensemble les quarrez des particules, puis à ceste som- me adiouster le double du produit d'vne particule en l'autre. Com- me és deux exemples cy dessus, les quarrez des particules font 54, & le produit d'vne particule en l'autre est $\sqrt{245}$, ou $- \sqrt{245}$, dont le double est $\sqrt{980}$, ou $- \sqrt{980}$. Tout le produit est donc $54 + \sqrt{980}$, ou $54 - \sqrt{980}$, suiuant la 4. p. 2. ou 4. p. du Scholie de la 14. p. 9.

Mais multipliant vn nombre composé ou diminué de racines quarrees, comme $6 + \sqrt{8}$ par son respondant contraire, c'est à dire par $6 - \sqrt{8}$, viendra au produit vn

$$6 + \sqrt{8}.$$
$$6 - \sqrt{8}.$$
$$\overline{}$$
$$36 + \sqrt{288} - \sqrt{288} - 8$$

simple nöbre 28, suiuät ce qui est demonstré en la 115. p. 10. & comme il appert en l'operation. Car $+ \sqrt{288}$ ruine $- \sqrt{288}$; & partant reste $36 - 8$, qui font 28. Ce produit sera encore trouué plus facilement & promptemët: car 8, quarré de la derniere particule $\sqrt{8}$, estät osté de 36, quarré de la premiere particule 6, restera le mesme produit 28.

Ainsi aussi $\sqrt{10} + \sqrt{2}$ estant multi- plié par son respondant contrai- re $\sqrt{10} - \sqrt{2}$, le produit sera $10 + \sqrt{20} - \sqrt{20} - 2$, c'est à dire 8: lequel nombre 8 est aussi produit par la soustraction de 2, quarré de la

$$\sqrt{10} + \sqrt{2}$$
$$\sqrt{10} - \sqrt{2}$$
$$\overline{}$$
$$10 + \sqrt{20} - \sqrt{20} - 2$$

derniere particule, de 10 quarré de la premiere particule.

H iij

Et si le nombre de la derniere particule est le plus grand, sera produit vn nombre diminué, comme appert en ceste exemple, où est multiplié $2+\sqrt{16}$ par son respondant contraire, & est produit 4—16.

$$2 + \sqrt{16}$$
$$2 - \sqrt{16}$$
$$\overline{4 - 16}$$

Pareillement si on multiplie $\sqrt{3}+\sqrt{2}+1$, par son respondant $\sqrt{3}+\sqrt{2}-1$, où tu vois que le signe + de la derniere particule est chãgé en —, le produit sera $4+\sqrt{24}$: lequel produit estant derechef multiplié par son respondant contraire $-4+\sqrt{24}$, donne produit simple nombre 8. Ce dernier produit sera encore trouué plus facilemēt & promptement com-

$$\sqrt{3}+\sqrt{2}+1.$$
$$\sqrt{3}+\sqrt{2}-1.$$
$$\overline{-\sqrt{3}-\sqrt{2}-1}$$
$$+\sqrt{6}+2+\sqrt{2}$$
$$3+\sqrt{6}+\sqrt{3}$$
$$\overline{\textit{produit}4+\sqrt{24}}$$
$$-4+\sqrt{24}$$
$$\overline{-16-\sqrt{384}+\sqrt{384}+24}$$

me ensuit. Soient multipliées lesdeux premieres particules entr'el-les, & seront $\sqrt{6}$, qui doublee sera $\sqrt{24}$; puis de la somme des deux nombres d'icelles particules, sçauoir est 5, soit osté le nombre de la derniere particule,& restera 4,dont le quarré 16 soit osté du nombre 24, & resteront 8 comme dessus.

Ainsi aussi si on multiplie $\sqrt{3}+\sqrt{5}+\sqrt{6}$ par son respondant $\sqrt{3}+\sqrt{5}-\sqrt{6}$, sera produit $\sqrt{60}+2$, qui multipliez par $\sqrt{60}-2$, le pro-duit sera simple nombre 56: lequel produit on aura aussi auec la mesme briefueté que dessus.

Et par ceste maniere peuuent estre reduits tous tels nombres composez ou diminuez en simple nom: sçauoir est multipliãt tous-iours par le respondant contraire,ainsi que dit est cy dessus,iusques à ce que l'on soit paruenu à vn simple nombre.

De la division des nombres irrationaux composez & diminuez.

CHAP. XX.

POVR diuifer vn nombre irrationel composé par vn simple nombre radical, il faut diuifer chafque particule par ledit simple nombre radical, obseruant la regle de + & de —. Comme pour diuifer $\sqrt{24}+\sqrt{9}$ par $\sqrt{6}$, ie diuife chafque particule du diuidande par le diuiseur $\sqrt{6}$, & le quotient eft $\sqrt{4}+\sqrt{\tfrac{9}{6}}$, ou $2+\sqrt{1\tfrac{1}{2}}$, comme il appert en cefte formule.

$$\frac{\sqrt{24}+\sqrt{9}}{\sqrt{6}\qquad\sqrt{6}}\qquad \overset{3}{\Big[}\ \sqrt{4}+\sqrt{1\tfrac{1}{2}}$$

Ainfi diuifant $\sqrt{c}28+\sqrt{c}20$, par $\sqrt{c}4$, vient au quotient $\sqrt{c}7+\sqrt{c}5$.

Que s'il faut diuifer vn nombre irrationel composé par vn nombre fimple & abfolu. Comme pour exemple, $\sqrt{20}-\sqrt{c}10$ par le nombre abfolu 3; il faut premierement reduire iceluy nombre 3 en l'efpece de la premiere particule $\sqrt{20}$, & feront $\sqrt{9}$; par lefquels eftant diuifée ladite particule, viendra au quotient $\sqrt{2\tfrac{2}{9}}$: en apres il faudra auffi reduire ledit diuifeur 3 en l'efpece de la racine de la feconde particule $\sqrt{c}10$, & feront $\sqrt{c}27$, qui diuifant icelle particule, le quotient fera $\sqrt{c}\tfrac{10}{27}$: tellement que tout le quotient de la diuifion fera $\sqrt{2\tfrac{2}{9}}-\sqrt{c}\tfrac{10}{27}$. Ainfi auffi diuifant $\sqrt{\gamma}8+\sqrt{\beta}3$ par $\sqrt{2}$, il faut reduire iceluy diuifeur en la mefme denomination que chafque particule du diuidande, & on trouuera pour le quotient de la diuifion $\sqrt{\gamma}2+\sqrt{q\beta}\tfrac{9}{32}$: Car $\sqrt{\gamma}8$, & $\sqrt{2}$ eftāt reduites à mefme denomination, feront $\sqrt{\gamma\gamma}64$, & $\sqrt{\gamma\gamma}16$; & celle-là diuifée par cefte-cy donne $\sqrt{\gamma\gamma}4$, c'eft à dire $\sqrt{\gamma}2$. Et pour la feconde particule feront reduits $\sqrt{\beta}3$ & $\sqrt{2}$, à $\sqrt{q\beta}9$ & $\sqrt{q\beta}32$; & celle-là eftant diuifée par cefte-cy, le quotient eft $\sqrt{q\beta}\tfrac{9}{32}$.

Mais pour diuifer vn fimple nombre par vn composé ou diminué de racines quarrees, ou cenficenfiques; comme pour exemple, 42 par $\sqrt{25}+\sqrt{4}$, c'eft à dire 7; il faut multiplier l'vn & l'autre nombre par $\sqrt{25}-\sqrt{4}$, le refpondant contraire du diuifeur, & viendrōt

√44100—√7056, & 21, ou √441; puis apres soit diuifé √44100—
√7056 par √441, & viendront √100—√16, c'eſt à dire 6, qui ſera le
quotient de 42 diuiſé par √25+√4. Qu'il faille encore diuiſer 54
par 2+√16, c'eſt à dire par 6 : ſoit donc multiplié le diuiſeur 2+√16,
par 2—√16, & ſera produit le nombre diminué 4—16, pource que la
derniere particule eſt plus grande que la premiere: parquoy ſoient
trãſpoſees les particules dudit diuiſeur en ceſte maniere √16+2, afin
qu'eſtant multiplié par ſon reſpõdant contraire √16—2, ſoit fait vn
nombre ſimple 12. En apres ſoit auſſi multiplié le nombre diuidande 54 par le meſme nombre √16—2, & viendra pour nouueau diuidande √46656—108, qui diuiſé par le nouueau diuiſeur 12, le quotient ſera √324—9, c'eſt à dire 18—9, qui ſont 9. Voulant encore diuiſer 20 par √√16+√√81, c'eſt à dire par 5 : ſerõt premieremẽt tran-
ſpoſees les particules d'iceluy diuiſeur, afin que la plus grande ſoit la
premiere; puis ſera trouué vn nouueau diuiſeur & diuidande, qui
ſera 5, & √√12960000; —√√2560000, & la diuiſiõ faicte, le quotiẽt
ſera √√20736—√√4096, c'eſt à dire 12—8, c'eſt aſſauoir 4. Or ceſte
maniere de diuiſer viẽt de ce que par la 17.p.7. il y a meſme raiſon du
nouueau diuidãde trouué au nouueau diuiſeur, que du diuidande
propoſé au diuiſeur donné par la 17.p.7. & partãt viendra touſiours
vn meſme quotient, ſoit qu'on diuiſe le nombre diuidande propoſé par le diuiſeur propoſé, ſoit qu'on diuiſe le nouueau diuidande
trouué par le nouueau diuiſeur.

Que ſi tant le diuidande que diuiſeur, ſont nombres compoſez,
ou diminuez de racines quarrees, il faut reduire le diuiſeur en ſimple nombre, comme il a eſté dit au chap. precedent : puis multiplier le diuidande par les meſmes nombres par leſquels on aura
multiplié le diuiſeur pour le conuertir à ſimple nombre, & ce qui
viendra ſoit diuiſé par le ſimple nombre trouué, comme dit eſt cy
deſſus, & ainſi qu'il appert en l'exemple cy deſſous.

Pour exemple, ſoit propoſé à diuiſer 18+√36, qui ſont 24, par
7—√16, (c'eſt à dire par 3.) Il faut premierement multiplier le diuiſeur 7—√16 par ſon reſpondant contraire 7+√16, & viendront 33
pour vn nouueau diuiſeur: puis par le meſme nombre 7+√16 ſoit
auſſi multiplié le diuidande 18+√36, & viendront 198+√4356,
pour le nouueau diuidande, qui diuiſé par les 33 trouuez, viendrõt
au quotient 6+√4, c'eſt à dire 8.

Soit

Soit encore propofé à diuifer √41+√3—√2, par √5+√2. Il faut donc premierement multiplier le diuifeur √5+√2 par fon refpondant contraire √5—√2, & viendra vn fimple nombre 3 pour nouueau diuifeur: en apres foit multiplié le nombre diuidande √41+√3—√2 par le mefme nombre √5—√2, afin d'auoir vn nouueau diuidande, & le produit fera √205+√15—√10—√6+√4. Lequel il faut diuifer par 3, c'eft à dire par √9, & le quotient fera √22⁷⁄₉+√1⁶⁄₉—√1¹⁄₉—√9¹⁄₉—√⁶⁄₉+²⁄₃, ou bien √²⁰⁵⁄₉+√¹⁵⁄₉—√¹⁰⁄₉—√⁸¹⁄₉—√⁶⁄₉+√⁴⁄₉.

Que fi le diuifeur auoit deux parcelles de racines cubiques, il faudroit auffi trouuer vn diuifeur fimple, comme fera dit en cefte exemple. Qu'il faille diuifer 10 par √c5+√c3. Premierement il faut trouuer fuiuant ce qui eft enfeigné en la 2.p.8. trois nombres continuellement proportionnaux (à caufe de 3 expofant du cube) en la raifon des particules du diuifeur, c'eft affauoir de √c5 à √c3, & ce comme il enfuit. Premierement foit multiplié √c5 en foy, & viendra √c25 pour le premier nombre; puis apres foit multiplié √c5 en √c3, & viendront √c15 pour le fecond nombre; tiercement foit multiplié √c3 en foy, & fera produit √c9 pour l'autre nombre: & par ainfi nous aurons ces trois nombres √c25, √c15, & √c9, continuellemēt poportionnaux, en la raifon de √c5, à √c3, comme il eft demonftré en la fufdite 2.p.8. Or eftant appofé le figne + aux deux nombres extremes, & le figne — à celuy du milieu, en cefte forte √c25—√c15+√c9, foit multiplié par ce nombre, tant le diuidande propofé 10, que le diuifeur √c5+√c3, & viendra √c25000—√c15000+√c9000 pour le nouueau diuidande; mais pour nouueau diuifeur √c125+√c27, c'eft à dire 8: lequel fimple diuifeur on obtiendra auffi en adiouftant feulement les nombres des parcelles du diuifeur 5 & 3.

Il faut proceder en la mefme maniere lors que le diuifeur eft compofé de deux racines cenficenfiques, furfolides, quarrees cubiques, &c. trouuant autant de nombres continuellement proportionnaux, en la raifon des parcelles du diuifeur qu'il y a d'vnitez en l'expofant du figne coffique qq, ß, qc, &c. c'eft affauoir quatie au diuifeur des racines cenficenfiques; cinq pour le diuifeur des furfolides, &c. Lefquels nombres eftans trouuez, foit appofé le figne + au premier, & le figne — au fecond: mais au troifiefme derechef +, au 4e encore —, & ainfi alternatiuement iufques au dernier; telle-

I

ment que tous les nombres des lieux impairs foient nottez du figne +, & ceux des lieux pairs, du figne —. Nous poferons pour
exemple qu'il faille diuifer 10 par $\sqrt{\sqrt{5}}+\sqrt{\sqrt{3}}$. d'autant que l'expofant de qq eft 4, il faut trouuer quatre nombres continuellement
proportionnaux en la raifon de $\sqrt{\sqrt{5}}$ à $\sqrt{\sqrt{3}}$, en cefte forte.

$$\sqrt{\sqrt{5}}+\sqrt{\sqrt{3}}$$
$$\sqrt{\sqrt{25}}. \quad \sqrt{\sqrt{15}}. \quad \sqrt{\sqrt{9}}$$
$$\sqrt{\sqrt{125}}-\sqrt{\sqrt{75}}+\sqrt{\sqrt{45}}-\sqrt{\sqrt{27}}.$$

Maintenant fi par ce nombre de quatre particules on multiplie
tant le diuidande 10, que le diuifeur $\sqrt{\sqrt{5}}+\sqrt{\sqrt{3}}$, on trouuera pour
nouueau diuidande $\sqrt{\sqrt{1250000}}-\sqrt{\sqrt{750000}}+\sqrt{\sqrt{450000}}-\sqrt{\sqrt{270000}}$, & pour nouueau diuifeur $\sqrt{\sqrt{625}}-\sqrt{\sqrt{81}}$, c'eft à dire 2. lequel diuifeur 2 on obtiendra auffi fans multiplication, en fouftrayãt
feullement le nombre de la moindre particule du diuifeur de la plus
grande, c'eft affauoir 3 de 5. Car les Algebraiftes enfegnent que
quand le nombre expofant des racines eft pair, comme q, qq, &c. le
fimple diuifeur eft donné en oftant le nombre de la moindre particule de celuy de la grande : mais en les adioutans enfemble lors que
ledit expofant eft impair, comme c, $ß$, &c.

Mais il eft à noter que les particules du diuifeur eftans denom-
mées, de diuerfes racines, il les faut reduire à vne mefme denomination auparauant que proceder à l'operation.

Eft pareillement à noter que l'on peut donner le quotient de la
diuifion en fraction, faifant numerateur le nombre diuidãde; & denominateur le nombre diuifeur. Comme le quotient de $\sqrt{41}+\sqrt{3}$
—$\sqrt{2}$, diuifé par $\sqrt{5}+\sqrt{2}$. fe peut donner ainfi $\dfrac{\sqrt{41}+\sqrt{3}-\sqrt{2}}{\sqrt{5}+\sqrt{2}}$. Semblablement s'il faut diuifer $\sqrt{48}+\sqrt{c3}$ par $\sqrt{15}+\sqrt{c6}-\sqrt{3}$, le quotient
fera cefte fraction $\dfrac{\sqrt{48}+\sqrt{c3},}{\sqrt{15}+\sqrt{c6}-\sqrt{3},}$

Or d'autant qu'il eft quelquefois neceffaire de cognoiftre quel
de deux nõbres irrationnaux cõpofez eft le plus grand, nous enfei-
gnerons icy la maniere de ce faire, lors que la chofe fera douteufe.
Soit pour exemple les deux nombres compofez $3+\sqrt{8}$, & $8-\sqrt{5}$, le

plus grand defquels ie defire fçauoir. Ie fouftrais 3 de chaque nombre, & reftent √8, & 5 — √5, defquels ie prend les quarrez, & font 8
& 30 — √500, de chacun defquels i'ofte 8, & reftent 0; & 22 — √500;
& à chacun d'iceux i'adioufte √500, & viennent √500 & 22, c'eft à
dire √484, qui font moindre que √500: & partant ie dis que 3 + √8
eft plus grand que 8 — √5.

Des fractions des nombres irrationnaux , & de leur Algorithme.

CHAP. XXI.

LA numeration d'icelles fractions eft facile : Car quand le figne
radical eft pofé deuant le milieu de la fraction, iceluy figne eft
referé à l'vn & à l'autre terme, c'eft à fçauoir, tant au numeratur
qu'au denominateur. Comme cefte fraction $\sqrt{\frac{9}{16}}$, fignifie √9 eftre
diuifée par √16; & vaut $\frac{3}{4}$. Ainfi $\sqrt{c\frac{8}{27}}$ fignifie √c8 eftre diuifée par
√c27; & icelle equinale à $\frac{2}{3}$. Ainfi auffi $\sqrt{\frac{6}{8}}$, denote √6 eftre diuifée
par √8.

Mais quand le figne radical eft pofé deuant vn nombre entier
auec la fraction, il faut reduire tout le nombre à vne feule fraction,
afin de pouuoir exprimer fa valeur. Comme $\sqrt{c_1 \frac{67}{125}}$ fera reduit à √c
$\frac{192}{125}$, & fignifie √c192 eftre diuifée par √c125, c'eft à dire par 5, & peut
eftre reprefentée ainfi $\frac{\sqrt{c192}}{5}$, tellement qu'il fignifie √c192 eftre diuifée par 5. Que fi les termes de cefte fraction $\sqrt{c\frac{192}{125}}$ font multipliez par vn mefme nombre, c'eft à fçauoir par √c192, fera produict
la fract. $\sqrt{c\frac{36864}{24000}}$ equiuallât à la fraction $\frac{192}{125}$. Et fi derechef les termes produicts de la fraction font multipliez par la mefme √c192,
fera produit la fraction $\sqrt{c\frac{7077888}{4688000}}$, c'eft à dire $\frac{192}{\sqrt{c4608000}}$, & fignifie le cube 192 (qui eft produict de √c192 multipliée en foy cubi-
quement) eftre diuifé par √c4608000 ; pource que la racine cubi-
que du numerateur 7077888 eft 192. Derechef la fraction $\sqrt{\frac{16}{64}}$, fignifie √16, c'eft à fçauoir 4, eftre diuifée par √64, c'eft à dire par 8 ;
& eft equiualente à $\frac{1}{2}$. Et la fraction $\frac{\sqrt{16}}{64}$ fignifie √16, c'eft à dire 4

eſtre diuiſé par 64 ; & eſt equiualente à $\frac{4}{64}$, ou $\frac{1}{16}$. Ainſi $\frac{16}{\sqrt{64}}$, ſignifie que le nombre 16 eſt diuiſé par $\sqrt{64}$, c'eſt à dire par 8 ; & eſt equiualente au nombre 2.

Quand la raiſon des numerateurs aux denominateurs eſt vne meſme, les fractions ſont egales, tout ainſi qu'és fractions vulgaires: Parquoy toutes ces fractions $\sqrt{\frac{64}{4}}$, $\frac{\sqrt{64}}{2}$, $\frac{64}{\sqrt{256}}$ ſont de méme valeur; pource qu'en toutes, le numerateur eſt quadruple du denominateur.

Les fractions irrationelles ſe reduiſent à minimes termes (quand elles peuuent eſtre reduites,) tout ainſi qu'és fractions vulgaires. Comme ceſte fraction $\sqrt{qc\frac{4}{8}}$ ſe reduira à ceſte-cy $\sqrt{qc\frac{1}{2}}$ & $\sqrt{\frac{144}{36}}$ à $\sqrt{\frac{4}{1}}$. Elles peuuent auſſi eſtre quelquesfois reduites à moindres ſignes radicaux : Comme $\sqrt{qc\frac{4}{8}}$ ſe reduit à $\frac{\sqrt{c\,2}}{\sqrt{2}}$. Pource que le numerateur 4 a racine quarrée 2, mais elle n'a pas racine cubique : Et le denominatur 8 a racine cubique 2, mais elle n'a pas la quarrée. Or que ces fractions $\sqrt{qc\frac{4}{8}}$ & $\frac{\sqrt{c\,2}}{\sqrt{2}}$ ſoient egales, on le peut prouuer par la multiplication en croix.

Quant à l'addition & ſubſtraction, elles ſe font en ceſte maniere. Si le denominateur eſt vn meſme, ſoient adiouſtez les numerateurs, comme il a eſté dit cy deuant, ou ſoit ſouſtrait l'vn de l'autre, & à la ſomme, ou au reſte, ſoit appoſé le denominateur commun, ainſi qu'il appert és exemples ſuiuans.

Addition	*Subſtraction*
$\frac{\sqrt{4}}{7}$ adiouſtez à $\frac{\sqrt{9}}{7}$	$\frac{\sqrt{4}}{7}$ oſtée de $\frac{\sqrt{9}}{7}$
font $\frac{\sqrt{25}}{7}$ ou $\frac{5}{7}$	reſte $\frac{\sqrt{1}}{7}$ ou $\frac{1}{7}$

Mais quand les denominateurs ſont diuers, ſoit faicte la reduction à vn meſme denominateur par la multiplication en croix, ainfi qu'és fractions vulgaires: puis foit fait ainfi que cy deffus, & comme il apert en ces formules.

Reduction	*Addition*	*Subftraction*
$\sqrt{144}.\ \sqrt{196}$	$\sqrt{\frac{144}{441}}$ & $\sqrt{\frac{196}{441}}$	$\sqrt{\frac{144}{441}}$ de $\sqrt{\frac{195}{441}}$
$\sqrt{\frac{16}{49}}$ & $\sqrt{\frac{4}{9}}$	font $\sqrt{\frac{676}{441}}$ ou $1\frac{5}{441}$	reste $\sqrt{\frac{4}{441}}$ ou $\frac{2}{21}$

$\sqrt{441}$.

En la mefme maniere s'il faut adiouſter $\dfrac{\sqrt{50}+\sqrt{c24}}{5}$ à $\dfrac{\sqrt{c24}+\sqrt{8}}{2}$ on reduira premierement icelles fractions à mème denomination, c'eſt à ſçauoir à $\dfrac{\sqrt{200}+\sqrt{c19}}{10}$ & $\dfrac{\sqrt{c3000}+\sqrt{200}}{10}$: puis apres adiouſtãt les numerateurs on aura $\dfrac{\sqrt{800}+\sqrt{c8232}}{10}$: Mais ſi on ſouſtraict la moindre d'icelles fractions de la plus grande, reſtera $\dfrac{\sqrt{c648}}{10}$.

Quand les numerateurs ſont incommenſurables, l'addition d'iceux ſe fait par l'interpoſition du ſigne +, mais la ſubſtraction par l'interiection du ſigne —. Comme la ſomme de $\sqrt{\frac{7}{8}}$ & $\sqrt{\frac{5}{6}}$ eſt $\sqrt{\frac{7}{8}}+\sqrt{\frac{5}{6}}$. Et $\sqrt{\frac{5}{6}}$ oſtée de $\sqrt{\frac{7}{8}}$ reſte $\sqrt{\frac{7}{8}}-\sqrt{\frac{5}{6}}$.

En la multiplication & diuiſion des fractions irrationelles, il faut ſeulement les reduire à meſme ſigne radical, & acheuer comme és fractions vulgaires. Parquoy multipliant $\dfrac{\sqrt{3}}{4}$ par $\dfrac{\sqrt{6}}{7}$ viendra $\dfrac{\sqrt{18}}{28}$. Et $\dfrac{\sqrt{36}}{3}$ diuiſée par $\dfrac{\sqrt{c27}}{2}$ fera $\frac{4}{3}$: & auſſi $\dfrac{\sqrt{3}}{4}$ diuiſée par $\dfrac{\sqrt{6}}{7}$, viendra $\sqrt{\frac{147}{196}}$ c'eſt à dire $\sqrt{1\frac{51}{96}}$.

Quant à la preuue de chacune de ces operations, elle ſe fait par ſa contraire, c'eſt à dire que l'addition ſe preuue par la ſubſtraction, & la ſubſtraction par l'addition, &c.

I iij

Des nombres coßiques irrationaux, & de leur Algorithme.

TOut ainſi que les nombres abſolus ſe font irrationaux, eſtans precedez de ſignes radicaux : comme de 5, ſe fait √ c5 : Ainſi auſſi les nombres coſſiques ſe font irrationaux, quand on leur pre-poſe quelqu'vn d'iceux ſignes radicaux : Comme de 20 ℞, ſe fait √ 20℞, nombre coſſique irrationel, qui ſe prononce, la racine quar-rée de 20 racines : Item de 6 c, ſe fait √ 6 c; qui ſignifie la racine quarrée de 6c. Item de 9℞, ſe fait √√9℞, &c. Or tels nõbres peuuent eſtre quelquesfois rationaux, & quelquesfois irrationaux ſelon la valeur d'vne racine. Car ſi 1 ℞ vaut 5, 20 ℞ vaudront 100, duquel la racine quarrée eſt 10 : partant √ 20 ℞ eſt vn nombre rationel equi-uallant 10 : Et √c 20 ℞ ſera irrationel, puis que 100 n'a pas racine cubique. Il eſt donc euident qu'on ne peut iuger ſi tels nombres font rationaux ou irrationaux, inſques à ce que l'eſtimation & va-leur d'vne ſeule racine apparoiſſe.

Or l'addition & ſouſtraction d'iceux nombres ſe fait par l'inter-poſition des ſignes + & — Comme √36 ℞ adiouſtée à √12q, fait √ 36℞+√12q, ou √12q+√36 ℞. Et 36 eſtans oſtez de √36 ℞, reſtera √ 36 ℞—36 : & ainſi des autres.

Que ſi les ſignes coſſiques ſont ſemblables, & les nombres irra-tionaux (conſiderez ſans leurs ſignes coſſiques) ſont commenſura-bles ; l'addition & ſubſtraction ſe feront en la meſme maniere des racines ſimples, enſeignées és chap.15. & 16. appoſant apres l'ope-ration le meſme ſigne coſſique. Ainſi √ 8 ℞ adiouſtée à √ 18 ℞, fera √ 50 ℞. Mais oſtant √8℞ de √18℞, reſtera √ 2℞.

La preuue ſera facile & euidente, ſi on poſe la valeur d'vne ſeule racine eſtre quelque nombre, comme 2. Car 8 ℞ ſeront 16, dont la racine quarrée eſt 4 : & 18 ℞ ſeront 36, dont la racine quarrée eſt 6: Or 4 & 6 font 10 : comme auſſi √50 ℞, puis que 50 ℞ font 100. dont la racine eſt 10. Mais 4 oſtez de 6, reſte 2, valeur de √2 ℞, puis que 2℞ font 4, dont la racine eſt 2.

Mais afin que les nombres coſſiques irrationaux ſoient multi-pliez entr'eux, ou diuiſez, ils doiuent eſtre premierement reduits à meſme ſigne radical, comme nous auons enſeigné au chap.13.

Comme s'il faut multiplier $\forall c$ 4 ℞ par $\forall$8℞ : icelles eſtans reduites à meſme ſigne radical, ſeront $\forall qc$ 16q, & $\forall qc$ 512c : leſquels deux nombres multipliez entr' eux produiſent $\forall qc$ 8192ß : mais $\forall qc$ 512c diuiſée par $\forall qc$ 16q, le quotient ſera $\forall qc$ 32℞.

La preuue ſe fera, poſant la valeur d'vne racine, comme dit eſt cy deſſus : ou bien chaſque operation par ſa contraire.

Quant aux autres nombres rompus, il n'eſt beſoin d'en traiɛter particulierement, pource qu'ils ſuiuent l'Algorithme de leurs entiers, joinɛt à celuy des nombres communs.

Or vne equation ſe rencontrant entre vn nombre coſſique irrationel & vn nombre abſolu, il la faudra reduire en ceſte maniere. Soit pour exemple vne equation entre $\forall$24℞ & 12. Il y aura pareillement equation entre 24℞ & 144 leurs quarrez : ſoit donc diuiſé 144 par 24, & ſera produit 6 au quotient pour la valeur d'vne racine : ce qui eſt manifeſte, puis que 24℞ ſont 144, dont la racine quarrée eſt 12.

Item s'il y a equation entre $\forall$10q & 20 : il y aura auſſi equation entre 10q & 400 : diuiſant donc 400 par 10, viendront 40 pour la valeur d'vne racine. Finalement ſi vne equation eſt trouuée entre $\forall c$12q, & 30 : il y aura auſſi equation entre 12q & 27000, les cubes d'iceux : parquoy diuiſant 27000 par 12, viendront 2250 pour la valeur d'vne ſeule racine.

Que ſi quelqu'vn propoſoit vne equation entre $\forall c$ 8 & 3, il y auroit auſſi equation entre leurs cubes 8 & 27 ; Ce qui eſt impoſſible. Parquoy en ces equations il eſt neceſſaire que le nombre abſolu ſoit la racine du nombre auec lequel eſt le ſigne radical : telle qu'eſt l'equation d'entre $\forall c$ 8 & 2. Item entre $\forall c$64 & 4 : Item entre $\forall$81 & 9, &c. Autrement l'equation ſera impoſſible.

Des racines vniuerſelles, & de leur Algorithme.

CHAP. XXIII.

L A racine d'vn nombre compoſé ou diminué eſt appellée racine vniuerſelle : Comme la racine quarrée de ce nombre compoſé $\forall$9+21, eſt diɛte racine vniuerſelle, d'autāt que de tout le nombre il faut extraire la racine, laquelle ſera 5 ; car $\forall$9, qui eſt 3 eſtant adiouſtée à 22 fait 25, dont la racine quarrée eſt 5. Ainſi auſſi par la racine vniuerſelle de cet autre nombre compoſé 10+⅄7, il faut entendre que la racine quarrée du nombre 7, ſi elle ſe peut auoir, eſtant adiouſtée à 10, on doit prendre la racine de tout le nombre.

Or ces racines ſont notées diuerſement par les Autheurs; mais nous les figurerons appoſans le ſigne radical ⅄, ou ⅄c au-deuant du nombre dont la racine deura eſtre extraicte, & enfermant tout ledit nombre entre deux parentheſes, en ceſte maniere, ⅄ (√9+22) ou ainſi, ⅄ (22+√9) qui eſt le meſme. Item ⅄c (10+⅄7.) Item ⅄ (49 +18.) Item ⅄ (10+⅄16+3+⅄64.) Item ⅄c (⅄25— √4+24.) Item ⅄ (10+√36) +⅄(70+√121), laquelle vaut 13.

Or tout ainſi que le quarré d'vne ſimple racine quarrée ſourde eſt le meſme nombre, delaiſſant ſeulement le ſigne radical ⅄, tellement que le quarré de ⅄5 eſt 5, & celuy de ⅄12 eſt 12: mais le cube d'vne racine cubique ſimple eſt le meſme nombre, delaiſſant le ſigne radical ⅄c, tellement que le cube de ⅄c9 eſt 9, & le cube de ⅄c 12 eſt 12: Ainſi auſſi, le quarré de la racine quarrée de quelque nombre compoſé, eſt le meſme nombre, eſtant delaiſſé le ſigne radical ⅄. Comme le quarré de ⅄ (11+ √9+ √4,) eſt 11+ √9+⅄4, c'eſt à dire 16; tellement qu'icelle racine valoit 4. Le quarré de ⅄ (⅄c216+ ⅄c27) eſt ⅄c216+ ⅄c27, c'eſt à dire 9, dont la racine eſt 3. Le quarré de ⅄(⅄c216—⅄c27) eſt ⅄c216—⅄c27, c'eſt à dire 3, & la valeur de ſa racine eſt ⅄3. Et ſemblablemēt le cube de la racine cubique d'vn nombre compoſé eſt le meſme nombre, eſtant oſté le ſigne radical √c. comme le cube de ⅄c (√25+⅄9,) eſt √25+⅄9, c'eſt à dire 8, tellemēt que ceſte racine là valoit 2. Le cube de ⅄c (√25—⅄9) eſt √25—⅄9, c'eſt à dire 2, & la racine d'iceluy eſt ⅄c2. Le cube de ⅄c (64+⅄c27) eſt ⅄c64+⅄c27, c'eſt à dire 7, dont la racine eſt ⅄c7. Et faut entendre le meſme de quarré de quarrez, & ſurſolides, &c. En ceſte maniere on multiplie la racine de quelconque nombre compoſé en ſoy, c'eſt à dire qu'on a le produit de ſon quarré, ou cube, &c.

Mais pour multiplier la racine d'vn nombre compoſé, par vne racine ſimple, ou par vn nombre ſimple, ou compoſé, ou finalement par vne autre racine de nombre compoſé, il faut reduire l'vn & l'autre nombre à quarré ou cube; puis faire la multiplication comme dit eſt cy deſſus. Comme pour exemple, ſoit ⅄ (7+⅄3) qu'il

faut multiplier par 2. Les quarrez font
7+√3; & 4. Multipliant donc 7 par 4.
viendront 28; mais √3 par 4, c'eſt à dire par √16, viendront √48. Donc tout
le nombre produit eſt √(28+√48.)
Item √c(√c64+√c27) multipliée par
2, le produit eſt √c(√c32768+√c13824)
ou √c(32+24,) c'eſt à dire √c56.

$$7+\sqrt{3}.$$
$$4.$$
$$\overline{28+\sqrt{48}.}$$

$$\sqrt{c}64+\sqrt{c}27.$$
$$8.$$

Item ſoit √(7+√4) qu'il faut multiplier par √9. Les quarrez des nombres font 7+√4, & 9. Ie multiplie dõc
√4 par 9, c'eſt à dire par √81, & vient
√324 ; puis 7 par 9, & font 63. Donc
le nombre produit ſera √(63+√324)
c'eſt à dire √81, ou 9.

$$\sqrt{c}32768+\sqrt{c}13824$$
$$7+\sqrt{4}$$
$$9$$
$$\overline{63+\sqrt{324}}$$

Soit auſſi √(6+√9) qu'il faut multiplier par le nombre compoſé √4+
√16. Le quarré du premier nombre
eſt 6+√9; & du poſterieur 20+√256,
eſtant donc faicte la multiplication,
comme il ſe void icy, le produit ſera
√(√9216+√3600+√2304+120) c'eſt
à dire √324, ou 18.

$$6+\sqrt{9}$$
$$20+\sqrt{256}$$
$$\overline{\sqrt{9216}+\sqrt{2304}}$$
$$120+\sqrt{3600}$$
$$\overline{\sqrt{9216}+\sqrt{3600}+\sqrt{2304}+120.}$$

Item qu'il faille multiplier √(13+
√9) par √(5+√16) c'eſt à dire 4 par 3.
Les quarrez des nombres font 13+√9,
& 5+√16 : & multipliant √9 par √16,
eſt fait √144; & 13, c'eſt à dire √169
par √16, vient √2704; puis apres √9
par 5, c'eſt à dire par √25, eſt fait √225;
& 13 par 5, donnent 65. Donc tout le
nombre produit eſt √(√2704+√225
+77) c'eſt à dire 12. Car la racine de
√2704 eſt 52, & celle de √225 eſt 15;
& ces trois nombres 77,52 & 15 adiouſtez enſemble font 144, dont la
racine quarrée eſt 12.

$$13+\sqrt{9}.$$
$$5+\sqrt{16}.$$
$$\overline{\sqrt{2704}+\sqrt{144}.}$$
$$65+\sqrt{225}.$$
$$\overline{\sqrt{2704}+\sqrt{225}+77}$$

K

Qu'il faille encore multiplier √(√18000+30) —√(√450+15) par

$$\sqrt{(\sqrt{1800}+30)} - \sqrt{(\sqrt{450}+15)}$$
$$\sqrt{(\sqrt{450}+15)} \quad \sqrt{(\sqrt{450}+15)}$$

$$\overline{\sqrt{4050000} + 450 - \sqrt{450} + 15}$$
$$\sqrt{810000} + \sqrt{4050000}$$

$$\overline{\sqrt{810000} + \sqrt{1620000} + 450}$$

√(√450 +15.) Ayant posé ces nombres comme tu vois icy, multiplie premierement √ (√450 +15) en soy, & viendra son quarré √
450 +15, auquel il faut prepofer le figne — à caufe que de + en —
eft faict —. En apres de √ (√1800 +30) en √ (√450 +15) fera faict
√ 810000 + √ 1620000 + 450 ; (c'eft à fçauoir en multipliant leurs
quarrez entr'eux) c'eft à dire 1350 + √1620000, pource que √810000
vaut autant que 900, lequel nombre adioufté à 450, fait 1350, &
prepofant le figne √, le produit fera le nombre √(1350+√1620000).
Mais la racine de ce nombre fera √900 + √ 450, (comme il appa-
roiftra au chapiftre 24.) c'eft à dire 30 + √450 ; duquel nombre
eftant ofté le premier produit —√ 450 + 15, fait de √ (√450+15) en
foy, reftera feulement 15 pour tout le produit de la multiplication propofée.

Et afin de rendre cecy plus manifefte, nous adioufterons encore
vn exemple en nombres rationnaux. Soit propofé à multiplier

$$\sqrt{(\sqrt{4}+14)} - \sqrt{(\sqrt{9}+6)}$$
$$\sqrt{(\sqrt{9}+6)} \quad \sqrt{(\sqrt{9}+6)}$$

$$\overline{\sqrt{144}+84 - \sqrt{9}+6}$$
$$\sqrt{36} + \sqrt{1764}$$

$$\overline{\sqrt{144}-9}$$

√(√4 +14) —√(√9+6) par √(√9+6) c'eft à dire 1 par 3, &
viendront 3. Car de √ (√9+6) en √ (√9+6) eft fait fon quarré
√9 +6 auec le figne—, qui luy doit eftre prepofé: puis apres de
√ (√4 + 14) en √(√ 9 + 6) eft faict √144, c'eft à dire 12: Car √36
eft 6, & √ 144 eft 12, & √1764 eft 42; tous lefquels nombres auec
84 font iceluy nombre 144, & luy prepofant le figne √, fera le pro-

duit $\gamma 144$, c'eſt à ſçauoir 12, duquel nombre eſtant oſté l'autre produiĉt $\gamma 9 + 6$, ſçauoir 9, reſtera 3 pour tout le nombre produiĉt
ainſi qu'il deuoit eſtre.

Or quand il faut multiplier la racine quarrée d'vn nombre compoſé enſemble auec la racine quarrée d'vn nombre diminué ſemblable en ſoy-meſme, comme $\sqrt{(12 + \sqrt{6})} + (12 - \sqrt{6})$; ſoit poſé
le nombre 2 fois, ainſi qu'il appert icy, & ſoient pris les quarrez
des parties, leſquels ſeront $12 +$

$\sqrt{6}$, & $12 - \sqrt{6}$, qui font enſemble 24 : (car $+\sqrt{6}$ ruine $-\sqrt{6}$.)
Et ſoit multipliée vne partie par
l'autre, & ſera fait $\sqrt{138}$, (pource que 6, quarré de $\sqrt{6}$, oſté de
144, quarré du nombre 12, reſte
138, auquel faut appoſer le ſigne
$\sqrt{}$) dont le double eſt $\gamma 552$: &
$24 + \gamma 552$ ſera le nombre produit cherché. Or la racine de ce

$$\sqrt{(12 + \gamma 6)} + \sqrt{(12 - \gamma 6)}$$
$$\sqrt{(12 + \gamma 6)} + \gamma (12 - \gamma 6)$$

$$12 + \gamma 6 + 12 - \gamma 6.$$
$$\sqrt{138}.$$
$$\sqrt{138}.$$

$$\sqrt{552}.$$
$$24 + \gamma 552.$$

produit eſt auſſi la ſomme des deux racines $\sqrt{(12 + \gamma 6)}$ & $\sqrt{(12 - \gamma 6)}$
$\sqrt{6})$ recueillie en vne ſeule ſomme. Car quand la ſomme de deux
nombres eſt multipliée en ſoy, la racine quarrée du nombre produit eſt la ſomme des meſmes deux nombres : & partant puis que
les deux racines propoſées enſemble, multipliées en ſoy, font $24 +$
$\sqrt{552}$, la racine de ce produit, ſçauoir eſt $\sqrt{(24 + \gamma 552)}$ ſera la ſomme de ces deux racines-là. Ce que nous rendrons manifeſte par vn
autre exemple en nombres rationaux. Soit $\sqrt{(10 + 36)} + \gamma [10 -
\sqrt{36}]$ c'eſt à dire 6, qu'il faut multiplier en ſoy. Il eſt euident que
le nombre qui ſera produit doit eſtre 36.

Soient donc trouuez les quarrez des parties, leſquels ſeront
$10 + \gamma 36$, & $10 - \sqrt{36}$, qui adiouſtez enſemble font 20 : & ſoit
multipliée vne partie en l'autre,
& viendra $\sqrt{64}$, dont le double
ſera $\sqrt{256}$, c'eſt à dire 16 : & partant le nombre produit eſt $20 +$
16, c'eſt à dire 36. & la racine de

$$\sqrt{(10 + \gamma 36)} + \gamma (10 - \gamma 36)$$
$$\sqrt{(10 + \gamma 36)} + \gamma (10 - \gamma 36)$$

$$10 + \sqrt{36} + 10 - \gamma 36.$$
$$\sqrt{64}$$
$$\sqrt{64}$$

$$\sqrt{256}$$
$$20 + \sqrt{256}.$$

ce nombre, fçauoir 6, eſt pareillement la ſomme de l'addition de ces deux racines-là propoſées, comme il eſt manifeſte.

Or quand il faut multiplier vn nombre compoſé de racine ſimple, & de racine vniuerſelle, par vn nombre diminué ſemblable ; a auſſi lieu le compendium que nous auons enſeigné au chap. 19. Comme pour exemple, ſil faut multiplier le nombre $\sqrt{20} + \sqrt{(20 - \sqrt{5})}$ par le nombre $\sqrt{20} - \sqrt{(20 - \sqrt{5}:)}$ Il n'y a qu'à ſouſtraire $20 - \sqrt{5}$, quarré de la derniere particule du nombre compoſé ou diminué, de 20 quarré de la premiere particule, & le reſte $\sqrt{5}$, ſera le produit de la multiplication.

Mais s'il falloit multiplier $\sqrt{(2q + 8)} + 5$ en ſoy, il n'y auroit qu'à quarrer chaque particule, & viendroient $2q + 8$, & 25 : puis multiplier l'vne par l'autre, & le double du produit eſtant adiouſté auec les ſuſdits deux quarrez des particules, donneroit $2q + 33 + \sqrt{(200q + 800)}$ pour tout le produit de la multiplication.

Si on vouloit encore multiplier $\sqrt{(5q - 4 R)} + 8$ en ſoy, il ne faudroit auſſi que prendre les quarrez de chaque particule, qui ſeroient $5q - 4 R$, & 64, puis les adiouſter au double du produit d'vne particule en l'autre, & viendroient $5q - 4 R + \sqrt{(1280q - 1024 R)}$ pour tout le produit de la multiplication.

Semblablement s'il faut multiplier $\frac{1}{2}q + \sqrt{[\frac{1}{4}qq + 1q]}$ par $\frac{1}{2}q - \sqrt{[\frac{1}{4}qq - 1q]}$: Il n'y a qu'à ſouſtraire le quarré de la derniere particule, du quarré de la premiere particule, ſçauoir eſt $\frac{1}{4}qq + 1q$, de $\frac{1}{4}qq$, & le reſte $-1q$, ſera le produit de la multiplication.

Pour faire la diuiſion des racines vniuerſelles, ſoit reduit à quarré, tant le nombre diuidande que diuiſeur : puis apres ſoit faicte la diuiſion comme il a eſté enſeigné cy deuant, & la racine du nombre produit ſera le quotient. Comme pour exemple, ſoit $\sqrt{[13 + \sqrt{7}]}$ qu'il faut diuiſer par $\sqrt{5}$. Les quarrez des nombres ſont $13 + \sqrt{7}$, & 5. Ie diuiſe donc 13 par 5, & vient $2\frac{3}{5}$: & $\sqrt{7}$ par 5, c'eſt à dire par $\sqrt{25}$, & vient $\sqrt{\frac{7}{25}}$: tellement que tout le quotient eſt $\sqrt{(2\frac{3}{5} + \sqrt{\frac{7}{25}})}$

$$13 + \sqrt{7} \ [2\frac{3}{5} \pm \sqrt{\frac{7}{25}} \cdot$$
$$5 \quad \sqrt{25}.$$

Item ſoit $\sqrt{(432 + \sqrt{7776})}$ qu'il faut diuiſer par 6. Les quarrez des nombres ſont $432 + \sqrt{7776}$, & 36, eſtans diuiſez 432 par 36, viennent 12 : & $\sqrt{7776}$ eſtant diuiſée par

$$432 + \sqrt{7776} \ [12 + \sqrt{6}$$
$$366 \qquad 1296$$
$$6.$$

36, c'est à dire par √1296, vient √6 : & partant tout le quotient sera √(12+√6.)

Item soit √15, qu'il faut diuiser par √(3+√5.) Afin de trouuer vn nouueau diuiseur nous multiplierons √(3+√5) par √(3—√5) & viendra vn nouueau diuiseur √4. Que si le diuidande √15, est aussi multiplié par √(3—√5) nous aurons vn nouueau diuidande √(45—√1125): le quarré d'iceluy sera 45—√1125, & le quarré du nouueau diuiseur sera 4. Si donc on diuise 45 par 4, le quotient sera 11¼: & si nous diuisons—√1125, par 4, c'est à dire par √16, le quotient sera —√70 5/16. Donc tout le quotient est √(11¼—√70 5/16).

Item soit diuisé 20 par (10—√5.) Nous multiplierons l'vn & l'autre nombre par √(10+√5), afin d'auoir vn nouueau diuidande √(4000+√800000) & vn nouueau diuiseur √95. les quarrez d'iceux nombres sont 4000+√800000, & 95. Si dôc on partit 4000 par 95, seront donnez 42 2/19 : & de la diuition de √800000, par 95, c'est à dire par √9025, sera produit √88 232/361. Donc tout le quotient de la diuision est √(42 2/19 +√88 232/361).

Item soit diuisée √c(√c3268 + √c13824) par 2. Les cubes de ces nombres sont √c32768 + √c13824, & 8. Ie diuise donc √c32768 par 8, c'est à dire par √c512, & vient au quotient √c64 : & de la diuision de √c13824 par 8, c'est à dire par √c512, vient √c27. Tout le quotient est donc √c(√c64 + √c27) c'est à dire √c7.

Item soit √(588 + √34848), qu'il faut diuiser par √(12 + √8.) Les quarrez des nombres sont 588 + √34848, & 12 + √8. Nous multiplierons l'vn & l'autre nombre par 12 — √8, afin d'auoir nouueau nombre diuidande, & diuiseur : le diuidande sera √(7056 + √5018112 — √2765952 — √278784,) ou plustost par reduction √(6528 + √332928,) & le diuiseur sera 136. Si donc on diuise 6528, par 136, viendront 48: & √332928 par 136, c'est à dire par √18496, viendront √18 : & partant tout le quotient sera √(48 + √18.)

Nous auons dit cy dessus comment il faut adiouster vne racine vniuerselle à vne semblable ayât le signe contraire : côme √(2+√3) auec √(2—√3) dont la somme est √6. Mais telles racines se peuuent encore adiouster ensemble comme ensuit.

Le quarré de la derniere particule de l'vne ou l'autre d'icelles racines soit osté du quarré de la premiere particule, & à la racine quarrée du reste soit adioustée la premiere particule ; puis soit doublé

ce qui viendra, & la racine de ce double là, fera la fomme de l'addition. Comme en l'exemple cy deffus, le quarré de la derniere particule eft 3, lequel i'ofte de 4 quarré de la premiere particule, & refte
1, que i'adioufte à icelle premiere particule, & font 3, dont le double eft 6, & la racine de 6, eft $\sqrt{6}$, & autant eft la fomme de l'addition des deux racines propofées.

Mais quand les deux racines qu'il faut adioufter font diffemblables, il faut diuifer la plus grande par la moindre, & au quotient adiouster par regle vne vnité; (finon que lefdites racines fuffent incommenfurables: car alors l'addition d'icelles fe fera plus commodément par l'interpofition du figne +.) puis par le produict foit
multipliée la plus petite racine; & le produict de la multiplication
fera la fomme de l'addition. Comme pour exemple: foit $\sqrt{(8 +}$
$\sqrt{48})$ à laquelle il faut adioufter $\sqrt{(2 + \sqrt{3}.)}$ Ie diuife celle-là par
cefte-cy, & vient au quotient $\sqrt{4}$, c'eft à dire 2, auquel i'adioufte 1,
& font 3, par lefquels ie multiplie $\sqrt{(2 + \sqrt{3})}$ & vient $\sqrt{(18 - \sqrt{243})}$
pour la fomme des deux racines propofées à adioufter.

Item foit $\sqrt{(10 + \sqrt{36})}$ qu'il faut adioufter à $\sqrt{(11 + \sqrt{25}.)}$ Ie diuife cefte-cy par celle-là, & vient 1 au quotient, auquel i'adioufte vne
vnité, & font 2, par lefquels ie multiplie $\sqrt{(10 + \sqrt{36})}$ & vient $\sqrt{64}$,
c'eft à dire 8, pour la fomme de l'addition des deux racines pro-
pofées.

Maintenant fi d'vne racine vniuerfelle de nombre compofé, il
en faut fouftraire vne autre femblable de nombre diminué: Le
quarré de la derniere particule foit ofté du quarré de la premiere,
& la racine du refte foit oftée d'icelle premiere particule; puis foit
doublé ce dernier refidu, & la racine de ce double fera le refte requis. Comme pour exemple, foit $\sqrt{(12 + \sqrt{6})}$ de laquelle il faut
fouftraire $\sqrt{(12 - \sqrt{6}.)}$ Le quarré de la premiere particule eft 144,
duquel i'ofte 6, quarré de la derniere particule, & refte 138, dont la
racine eft $\sqrt{138}$, que ie fouftrais de la premiere particule 12, & refte
$12 - \sqrt{138}$, que ie double, & viennent $24 - \sqrt{552}$, dont la racine eft
$\sqrt{(24 - \sqrt{552})}$ qui eft le refte requis.

Mais fi les racines font diffemblables; pour faire la fouftraction,
il faut diuifer la plus grande par la moindre, & du quotient ofter 1
par regle; (finon que les racines propofées fuffent incommenfurables: Car alors la fouftraction fe fera plus commodément par l'in-

terpolition du figne—.) Puis par le refte foit multipliée la moindre racine, & le produict fera le refte requis. Comme pour exemple, foit $\sqrt{(2+\sqrt{3})}$ qu'il faut fouftraire de $\sqrt{(8+\sqrt{48})}$ le diuife cefte-cy par celle-là, & vient au quotient $\sqrt{4}$, c'eft à dire 2, dont i'ofte vne vnité, & refte 1, par lequel ie multiplie la moindre racine $\sqrt{(2+\sqrt{3})}$ & vient la mefme $\sqrt{(2+\sqrt{3})}$ pour le refte de la fouftraction.

Item foit $\sqrt{(486-\sqrt{162})}$, de laquelle faut fouftraire $\sqrt{(\sqrt{6}-\sqrt{2})}$ ie diuife celle-là par celle-cy, & vient au quotient $\sqrt{9}$, c'eft à dire 3, dont i'ofte 1, & refte 2, par lefquels ie multiplie la moindre racine $\sqrt{(\sqrt{6}-\sqrt{2})}$ & vient au produict $\sqrt{(\sqrt{96}-\sqrt{32})}$ pour le refte de la fouftraction requis.

De l'extraction des racines des binomes & refidus.

CHAP. XXIIII.

QVAND deux quelconques nombres font conioints par le figne +, ils font ordinairement nommez Binome : comme $\sqrt{12}+\sqrt{3}$: & $\sqrt{18}+\sqrt{8}$. Mais eftans accouplez par le figne—, ils font appellez Apoteme ou Refidu: Comme $\sqrt{12}-\sqrt{3}$: & $\sqrt{18}-\sqrt{8}$. Et plus de deux nombres ainfi accouplez, font nommez Trinome, Quatrinome, &c. Comme $\sqrt{17}+\sqrt{10}-\sqrt{3}$: ou $\sqrt{17}-\sqrt{10}+\sqrt{3}$, font dits Trinome : & $\sqrt{17}+\sqrt{10}+\sqrt{3}+\sqrt{2}$: ou $\sqrt{17}-\sqrt{10}+\sqrt{3}+\sqrt{2}$, font appellez Quatrinome, &c. Mais Euclide au 10. liure, prop. 37 & 74 appelle feulement Binome, ou refidu, quand les deux nombres conioints par le figne + ou —, font rationels commenfurables en puiffance feulement: il conftituë de fix fortes de binome, & autant de refidu : chacun defquels il definit, & enfeigne à trouuer au mefme liure. Or pour extraire la racine quarrée d'iceux binomes & refidus, il y a diuerfes manieres, deux defquelles nous enfeigne-rons icy, & au prealable le probleme fuiuant.

Coupper vn nombre donné en deux parties, telles que le nombre produit d'icelles foit egal à vn nombre donné, qui ne foit plus grand que le quarré de la moitié d'iceluy nombre propofé à diuifer, ou (qui eft le mefme) que la quatriefme partie du quarré dudit nombre.

Qu'il faille coupper le nombre 20 en deux parties, telles que multipliées entr'elles, leur produiƈt soit 75, qui eſt moindre que 100, quart du quarré d'iceluy nombre propoſé 20. Soit oſté 75 de 100, quarré de la moitié de 20, & reſteront 25, dont soit pris la racine quarrée, laquelle ſera 5, & ſoit icelle adiouſtée à 10, moitié du nombre propoſé à diuiſer, & viendra 15, qui ſera le plus grand nombre cherché, mais icelle racine 5 eſtant oſtée d'icelle moitié 10, reſteront 5, qui ſera le moindre nombre requis : tellement donc que les deux nombres 15 & 5, ſont parties du nombre 20, telles que multipliées entr'elles, elles produiſent 75, ainſi qu'il eſtoit requis.

Maintenant ſoit le binome 38 + √ 288, duquel il faut extraire la racine quarrée. Soit couppé le plus grand nom 38 en deux parties, telles que leur produiƈt soit le nombre 72, quatrieſme partie du quarré du moindre nom, ſçauoir de 288, leſquelles parties ſeront trouuées par le prob. cy deſſus, eſtre 36 & 2 : d'iceux deux nombres soient priſes les racines quarrées, & icelles ſeront 6 & √ 2, qui conioinƈtes par le ſigne + feront 6 + √ 2, qui ſera la racine quarrée du binome propoſé. Mais icelles racines 6 & √ 2 eſtans accouplées par le ſigne — feront 6 — γ 2, qui ſera la racine quarrée du reſidu 38 — γ 288. Item la racine quarrée du binome γ 32 + γ 24, ſera trouuée en la meſme maniere eſtre γ γ 18 + γ γ 2. Car γ 32 plus grand nom d'iceluy binome eſtant coupé en deux parties, telles que leur produit soit 6, quatrieſme partie de 24, quarré du moindre nom : icelles parties ſeront trouuées eſtre γ 18, & γ 2, dont les racines conioinƈtes par le ſigne +, ſont γ γ 18 + γ γ 2.

Pour autrement extraire la racine quarrée du binome 38 + γ 288, il faut du quarré du plus grand nom, oſter le quarré du moindre nom, & reſteront 1156, deſquels soit pris le quart, qui ſera 289, duquel soit pris la racine quarrée, laquelle ſera 17, qu'il faut adiouſter, & ſouſtraire de la moitié du plus grand nom, ſçauoir de 19, & viendront 36, & 2, deſquels deux nombres ſoient priſes les racines quarrées, & ſeront 6, & γ 2, qui accouplées par le ſigne +, feront 6 + γ 2 pour la racine quarrée du binome 38 + γ 288, comme deuant. Par la meſme maniere la racine quarrée du reſidu γ 60 — γ 12 ſera trouuée eſtre √ (√ 15 + √ 12) — √ (15 — √ 12).

Quant à la preuue, elle ſe fait comme en l'extraƈtion des nombres abſolus, ſçauoir eſt, multipliant la racine trouuée par ſoy-meſme.

Or voila fommairement les operations vfitées en l'Algebre: Et afin de donner à l'apprenty tant plus de cognoiffance en la practi-que d'icelles operations, nous finirons ce traicté par quelques que-ftions & folutions d'icelles.

Diuerfes queftions, auec leurs folutions.

CHAP. XXV.

1 TRouuer deux nombres, defquels l'excés foit donné, & en raifon donnée.

Soit donné l'excés 20, & la raifon quintuple donnée. Soit pofé le moindre nombre eftre 1 ℞. Donc le plus grand fera 5 ℞, fçauoir eft le quintuple d'iceluy : l'excés d'iceux eft 4 ℞. Il y a donc equation entre 4 ℞ & 20 : & diuifant 20 par 4, viendra 5 pour 1 ℞. Parquoy le moindre fera 5, & le plus grand 25, qui eft quintuple d'iceluy 5, & l'excede de 20.

2. Eftans donnez deux nombres, en trouuer vn autre, auquel eftant adiou-fté l'vn des donnez, & fouftraict l'autre, la fomme foit au refte en raifon donnée.

Les nombres donnez foient 100 & 20 : & il faut premierement trouuer vn nombre auquel fi on adioufte 100, & du mefme on ofte 20, la fomme foit triple du refte. Soit pofé ce nombre là eftre 1 ℞, & la fomme fera 1 ℞ + 100 : mais le refte 1 ℞ — 20. Afin donc que cefte fomme là foit triple de ce refidu, l'equation fera entre 1 ℞ + 100. & 3 ℞ — 60. Et adiouftant à chacun 60, elle fera entre 1 ℞ + 160, & 3 ℞. & oftant 1 ℞, icelle equation fera entre 160 & 2 ℞. Diuifant donc 160 par 2, fera trouué 80 pour 1 ℞, qui eft le nombre cher-ché. Car fi à iceluy on adioufte 100, on aura 180 ; mais fi on en ofte 20, refteront 60 ; & 180 eft à 60 en raifon triple.

Qu'il faille maintenant trouuer vn nombre, auquel fi on adiou-fte 20, & du mefme on fouftraict 100, cefte fomme-là foit triple de ce refte cy. Soit pofé ce nombre là eftre 1 ℞, & fera fait la fomme 1 ℞ + 20, & reftera 1 ℞ — 100. Afin donc que cefte fomme foit tri-ple de refte, l'equation fera entre 1 ℞ + 20 & 3 ℞ — 300. Et ad-iouftant 300 à chacun, elle fera entre 1 ℞ + 320 & 3 ℞ : & oftant 1 ℞ de chacun, l'equation fera entre 320 & 2 ℞. Diuifant donc 320 par

L

8 TRAICTE'

2, viendra pour 1℞ 160, nombre cherché. Car si à iceluy on adiouste 20, on aura 180, & si on oste 100, resteront 60; & entre 180
& 60 est la raison triple.

3. *Trouuer deux nombres en raison donnée, & qui multipliez entr' eux fa-
cent vn nombre ayant raison donnée à la somme d'iceux.*

Qu'il faille donc trouuer deux nombres en raison sesquialtere,
tels que leur produit soit duodecuple de la somme d'iceux. Soient
posez les deux nombres estre 4℞, & 6℞, qui est raison sesquialtere.
Estans multipliez entr'eux ils font 24q, & leur somme est 10℞.
Afin donc que 24q ayent raison duodecuple à 10℞; l'equation
sera entre 24q, & 120℞. Diuisant donc 120 par 24, viendra 5 pour
la valeur de 1℞ pource que les denominations cossiques q, & ℞,
sont collaterales. Veu donc que le premier nombre a esté posé
4℞, & le second 6℞, celuy-là sera 20, & cestuy-cy 30, & iceux multipliez entr' eux font 600, qui est duodecuple de 50, somme d'i-
ceux.

4. *Trouuer deux nombres tels que le nombre produit de la multiplication
d'iceux, estant diuisé par leur difference, le quotient soit égal à vn nombre
donné.*

Qu'il faille trouuer deux nombres, tels que leur produit estant
diuisé par leur difference, le quotient soit 30. Soit posé pour le
moindre nombre, quelconque nombre moindre que le quotient
donné 30, sçauoir est 20, & soit posé le plus grand estre 20+1℞,
afin que la difference d'iceux soit 1℞ : de 20 en 20+1℞, sera fait le
nombre 400+20℞, lequel diuisé par 1℞ difference d'iceux, le quo-

tient est $\dfrac{400+20℞}{1℞}$, egal au nombre proposé 30. Ceste equation

sera reduite par la multiplication en croix, à l'égalité d'entre 30℞,
& 400+20℞ : ostant donc 20℞ de chacun, l'equation sera entre
10℞ & 400 : & 400 estans diuisez par 10, viendront 40 pour la valeur de 1℞, difference des nombres cherchez: veu donc que le moindre est 20, le plus grand sera 60, c'est à sçauoir 20+1℞. Maintenant
60 multipliez par 20, font 1200, qui diuisez par 40 difference d'i-
ceux nombres, le quotient est 30.

5. *Estans donnez deux nombres inégaux, en trouuer deux autres en raison
donnée, tels que le plus grand osté du plus grand donné, & le moindre du
moindre, les restes soient égaux : mais il faut que la raison des nombres don-*

nez soit moindre que celle des cherchez.

Soient deux nombres donnez 100, & 60, & il en faut trouuer deux autres en raison septuple, & que le plus grand osté de 100, & le moindre de 60, les restes soient égaux.

Soient posez pour les nombres en raison septuple 1℞, & 7℞. Les nombres égaux restans seront 100—7℞, & 60—1℞. Adioustant donc 7℞ à chacun, l'equation sera entre 100 & 60+6℞. & ostant 60 de chacun, elle sera entre 40, & 6℞. Et diuisant 40 par 6, viendra pour 1℞, 6⅔ moindre nombre, & le plus grand septuple de cestuy-cy sera 46⅔. Et ostant celuy-là de 60, & celuy-cy de 100, les nombres restans seront égaux, içauoir 53⅓.

6. Trouuer deux nombres en raison donnée, & que le quarré du plus grand soit au moindre aussi en raison donnée.

Que les nombres cherchez ayent la raison triple, & le quarré du plus grand ait au moindre la raison sextuple. Soit posé le moindre 1℞, & le plus grand 3℞. Le quarré du plus grand, sçauoir 9q, doit auoir raison sextuple au moindre 1℞ : Donc l'equation sera entre 9q, & 6℞. Et diuisant 9 par 6, viendra ⅔ pour 1℞, pource que les nombres cossiques sont collateraux. Les nombres cherchez sont donc ⅔ & 2, ayans raison triple, & le quarré du plus grand, sçauoir 4, est en raison sextuple au moindre, sçauoir à ⅔.

7. Estant donné vn nombre composé de deux quarrez, le diuiser en deux autres quarrez.

Soit le nombre donné 34 composé de deux quarrez 9 & 25, qu'il faut diuiser en deux autres quarrez. Les costez des quarrez donnez sont 3 & 5: soit posé le costé du premier quarré cherché estre 1℞+3, sçauoir vne racine plus que le costé du premier quarré donné: mais le costé du second quarré cherché, soit posé quelconque nombre de racines moindre que le costé du second quarré donné, sçauoir 2℞—5. Les quarrez d'iceux costez seront 1q+6℞+9, & 4q—20℞+25, qui adioustez ensemble font 5q+34—14℞ egal au nombre donné 34. adioustant donc 14℞ à chacun, l'equation sera entre 5q+34, & 14℞+34: & ostant 34 de chacun, restera l'equation entre 5q, & 14℞. Diuisant donc 14 par 5, viendront 14/5 pour 1℞, pource que les nombres cossiques sont collateraux. Donc le costé du premier quarré, lequel nous auons posé estre 1℞+3, sera 29/5: & le costé du second quarré, lequel a esté posé 2℞—5, sera 28/5—5, c'est à

dire $\frac{3}{5}$. Les quarrez d'iceux coſtez trouuez ſont $\frac{625}{25}$ & $\frac{9}{25}$, qui font
enſemble $\frac{850}{25}$, c'eſt à dire 34, nombre donné.

8.   *Coupper vn nombre donné en trois parties, telles que la premiere diuiſee*
par vn nombre donné, & la ſeconde multipliee par vn autre nombre donné:
& la tierce diuiſee par quelque autre nombre, prouienent trois nombres
egaux.

Soit le nombre donné 178, qu'il faut diuiſer en trois parties, telles que la premiere diuiſee par 5, vienne autant que de la ſeconde
multipliee par 8, & autant que de la tierce diuiſee par 6. Soit poſé la
premiere partie 1 ℟, laquelle diuiſee par 5, le quotient ſera $\frac{1}{5}$ ℟. Et
pource que la ſeconde partie en 8 doit faire autant, nous diuiſerons
$\frac{1}{5}$ ℟ par 8. Car le quotient $\frac{1}{40}$ ℟, ſera la 2. partie, qui multipliee par 8,
faict $\frac{1}{5}$ ℟. Et pource que la 3. partie diuiſee par 6, doit faire autant,
nous multiplierons $\frac{1}{5}$ ℟, par 6 : & le produict $\frac{6}{5}$ ℟, ſera icelle 3. partie,
qui diuiſee par 6, le quotient eſt $\frac{1}{5}$ ℟. Maintenant reſte que ces trois
parties 1 ℟, $\frac{1}{40}$ ℟, & $\frac{6}{5}$ ℟, faſſent 178, nombre donné. Or elles font 2 $\frac{9}{40}$ ℟.
Donc l'equation ſera entre 178, & 2 $\frac{9}{40}$ ℟. Et ſi on diuiſe 178 par 2 $\frac{9}{40}$,
viendra 80, pour 1 ℟, qui eſt la premiere partie : & la ſeconde ſera 2,
& la tierce ſera 96, leſquelles parties font 178, nombre donné : & la
premiere diuiſee par 5 : mais la ſeconde multipliee par 8; & la tierce
diuiſee par 6, eſt touſiours produict vn meſme nombre 16.

9.   *Diuiſer vn nombre donné en trois parties continuellement proportion-*
neles, telles que le produit de la premiere en la tierce ait vne raiſon donnee au
produit de la premiere en la ſeconde.

Soit le nombre donné 30, qu'il faut diuiſer en trois parties continuellement proport. tellement que le produit de la premiere multipliee par la tierce, ſoit au produit d'icelle premiere en la ſeconde,
en raiſon quadruple. Soit poſé la ſecõde partie eſtre 1 ℟, & partant la
ſomme de la premiere & tierce ſera 30—1 ℟. Et pource que 1 ℟ en ſoy
fait 1 q, la premiere en la tierce fera auſſi 1 q. Veu donc que ce produit
doit eſtre quadruple du produit de la premiere en la ſeconde, ſera
produit $\frac{1}{4}$ q de la premiere en la ſeconde, ſçauoir en 1 ℟. Si donc on
diuiſe $\frac{1}{4}$ q par 1 ℟, le quotient ſera $\frac{1}{4}$ ℟, qui multiplié par 1 ℟, nombre diuiſant, faict $\frac{1}{4}$ q, nombre diuiſé : & partant la premiere partie
ſera $\frac{1}{4}$ ℟, qui auec la ſeconde faict 1 $\frac{1}{4}$ ℟, laquelle ſomme oſtee du
nombre donné 30, reſtera la tierce partie 30—1 $\frac{1}{4}$ ℟. Maintenant
pource que la premiere en la tierce doit faire 1 q, c'eſt à ſçauoir vn

nombre egal à celuy de la moyenne 1 ℞ en foy-mefme: fi on diuife
1 q par la premiere, c'eft à dire par ¼ ℞, le quotient fera 4 ℞, qui
multiplié par ¼ ℞, produit 1 q, & partant la tierce partie fera 4 ℞,
egales à l'autre tierce partie trouuee 30—1¼ ℞. Adiouftant donc
1¼ ℞ à chacun, l'egalité fera entre 5¼ ℞ & 30 : & diuifant 30 par 5¼,
viendra 5 5/7 pour la valeur de 1 ℞, fçauoir eft pour la feconde partie:
donc la premiere partie, laquelle nous auions trouuée eftre ¼ ℞, fera
1 3/7: & la tierce partie, qui a efté trouuee de 30—¼ ℞, fera 22 6/7. Et ces
trois parties 1 3/7, 5 5/7, 22 6/7, font enfemble 30, nombre donné: & la premiere 1 3/7 multipliee par la tierce 22 6/7, faiĉt 32 32/49, qui eft quadruple de
8 8/49, faiĉt de la premiere partie en la feconde. Et il eft euident qu'i-
celles trois parties font continuellement propo. puis qu'vn mefme
nombre eft produiĉt de la premiere en la tierce, que de la moyenne
en foy, c'eft à fçauoir 32 32/49.

10   *Trouuer trois nombres continuellement proportionnaux, en vne raifó
donnee, defquels les quarrez enfemble faffent vn nombre donné.*

Qu'il faille trouuer trois nombres continuellement en raifon
fefquitierce, defquels les quarrez faffent 4329. Soiët pofez les nombres cherchez eftre 9 ℞, 12 ℞, 16 ℞, qui font en proportion fefquitierce. Les quarrez d'iceux, fçauoir 81 q, 144 q, 256 q, font enfemble 481
q, egaux à 4329. Diuifant donc 4329 par 481, viendra 9 pour la valeur de 1 q, & par confequent 1 ℞ fera 3. Donc le premier nombre
pofé 9 ℞, fera 27 : le fecond 36, & le tiers 48, defquels les quarrez
729, 1296, 2304, font enfemble 4329.

11   *Eftant donnez deux nombres, en treuuer vn autre, qui adioufté à l'vn
d'iceux, & la fomme multipliee par iceluy trouué, produife le quarré de l'autre nombre donné.*

Soient les deux nombres donnez 10, & 12 : & il en faut trouuer
vn autre qui adioufté au premier 10, faffe vn nombre, qui multiplié
par iceluy adioufté, produife le quarré de l'autre nombre 12, fçauoir
144. Soit pofé le nombre cherché 1 ℞, l'adiouftant à 10, viendra 1 ℞,
+ 10, qui multiplié par 1 ℞, faiĉt 1 q + 10 ℞, lequel doit eftre egal à
144. Oftant donc 10 ℞ de chacun, l'equation fera entre 1 q, & 144
—10 ℞, laquelle fe refoudra ainfi : La moitié du nombre des racines 5, faiĉt le quaré 25, auquel adiouftant 144, vient 169, dont la racine quarree eft 13, de laquelle foit oftee la fufdite moitié 5, à caufe
du figne —, & reftera la valeur de 1 ℞, fçauoir 8, nombre cherché.

Car ice'uy eſtant adiouſté à 10, faict 18, qui multipliez par 8, le produict eſt 144, quarré de l'autre nombre 12.

12   *Coupper vn nombre donné en deux parties, telles que le nombre pro-*
duict de l'vne en l'autre, multiplié par le quarré du nombre donné, faſſe vn
autre nombre donné.

   Soit le nombre donné 20, qu'il faut coupper en deux parties, telles que le nombre procreé de la multiplication d'icelles, eſt ât multiplié par 400, quarré du nombre donné, ſoit 300. Soit poſé l'vne
d'icelles parties eſtre 1 ℞, & l'autre 20—1 ℞, icelles multipliees entr'elles, viendra 20 ℞—1 *q*: & ce nombre multiplié en 400, fait 8000
℞—400 *q*, qui doit eſtre egal à 300: adiouſtant 400 *q* à chacun, l'e-
quation ſera entre 8000℞, & 300+400 *q*; & oſtât 300, reſtera equation entre 400 *q*, & 8000 ℞—300; & diuiſant par 400, l'equation
ſera entre 1 *q*, & 20℞—$\frac{3}{4}$. La moitié des racines eſt 10, dont le quar-
ré eſt 100, ou $\frac{400}{4}$, deſquels oſtant $\frac{3}{4}$ reſteront $\frac{397}{4}$, qui adiouſtez à la
ſuſdite moitié 10, la plus grande racine ſera 10+ √ $\frac{397}{4}$; & oſtant les
meſmes $\frac{397}{4}$, d'icelle moitié, reſtera la moindre racine 10— √ $\frac{397}{4}$ qui
ſont les parties requiſes.   Car l'vne multipliée par l'autre faict
$\frac{3}{4}$; & $\frac{3}{4}$ en 400, quarré du nombre donné 20, faict $\frac{1200}{4}$, c'eſt à dire 300.

   Or és 12 queſtions cy deſſus, les nombres ſont abſtrais de la ma-
tiere, mais és 13 ſuiuantes, les nombres ſont accordez aux choſes
materieles.

13 *Il y a vn rectangle duquel les coſtez ſont en raiſon ſeptuple, & les quar-*
rez d'iceux pris enſemble, ont raiſon centuple à la ſomme d'iceux coſtez:
Trouuer les coſtez, l'aire, & le diametre dudit rectangle.

   Soit poſé le moindre coſté 1 ℞, & le plus grand 7 ℞, deſquels la
ſomme ſera 8 ℞, & leurs quarrez 1 *q*, & 49 *q*, adiouſtez enſemble ſeront 50*q*, centuple de 8 ℞. Il y a donc equation entre 50*q*, & 800℞.
Et diuiſant 800 par 50, viendront 16, pour 1 ℞, moindre coſté : le
plus grãd qui eſt en raiſon ſeptuple ſera donc 112, & l'aire ſera 1792,
produit d'vn coſté par l'autre. Et le diametre ſera √ 12800. Car les
quarrez des coſtez ſont 256, & 12544, la ſomme deſquels eſt 12800,
centuple de 128, qui eſt la ſomme d'iceux coſtez, & partant le quarré
du diametre ſera 12800, dont la racine quarrée, ſçauoir eſt √ 12800
ſera ledit diametre,

14 *Il y a vne colomne quadrangulaire rectangle, de laquelle la baſe a les*

coſtez en raiſon ſeſquitierce; & ſa hauteur eſt au plus grand coſté de la baſe en raiſon double ſuperbipartiente tierce; & la ſolidité d'icelle colomne contient 93312 toiſes:il faut trouuer chacune dimenſion.

Le moindre coſté de la baſe ſoit poſé 3 ℞, & le plus grand 4 ℞: mais la hauteur 10 $\frac{2}{3}$ ℞, afin qu'elle ſoit au plus grand coſté 4 ℞, en raiſon double ſuperbipartiente tierce, & le plus grand coſté au moindre en raiſon ſeſquitierce. Ces trois nombres multipliez entr'eux produiſent 128 c, egaux à 93312 ſolidité de la colône. Diuiſant donc 93312 par 128, viennent 726 pour 1 c, & 9 pour 1 ℞: donc le moindre coſté de la baſe,lequel nous auons poſé eſtre 3 ℞, ſera 27: & le plus grand 4 ℞, ſera 36; & la hauteur 10 $\frac{2}{3}$ ℞ ſera 96. Et ces trois dimenſions multipliees entr'elles produiſent la ſolidité 93312.

15   Il y a vn rectangle, duquel l'aire eſt 30, & les coſtez d'iceluy ſont en raiſon ſeſquialtere:il faut trouuer iceux coſtez, & le diametre.

Soit poſé le moindre coſté 2 ℞, & partant le plus grand 3 ℞, ſeſquialtere à iceluy: de la multiplication des coſtez entr'eux, ſera produict 6 q egaux à 30, aire donné. Diuiſant donc 30 par 6, 1 q, ſera 5, & 1 ℞, √ 5. Et pource que nous auons poſé le moindre coſté eſtre 2 ℞, iceluy ſera √ 20,nombre double de √ 5; & le plus grand coſté 3 ℞ ſera √ 45,nombre triple de √ 5. Et pource que les quarrez des coſtez 20 & 45 ſont enſemble egaux au quarré du diametre,le quarré d'iceluy diametre ſera 65, & iceluy diam. √ 65.

16   Il y a vne armee compoſee de François, Allemans & Anglois : les François ſont 25000 : les Allemans ſont moitié des François & Anglois, & les Anglois ſont la 8. partie des François & Allemans : il faut trouuer le nombre tant des Allemans que des Anglois, & combien il y a d'hommes en toute l'armee.

Soit poſé 1 ℞ pour les Allemans:donc les François & les Anglois enſemble ſeront 2 ℞, & toute l'armee ſera 3 ℞. Et puis que les Anglois ſont la 8. partie des François, & des Allemans enſemble: & que les Allemans & François ſont enſemble 1 ℞ + 25000 : les Anglois ſeront $\frac{1}{8}$ ℞ + 3125. Parquoy veu que les François ſont 25000; les Allemans 1 ℞, & les Anglois $\frac{1}{8}$ ℞ + 3125, toute l'armée ſera 1$\frac{1}{8}$ ℞ +28125 egale à 3 ℞. Oſtant donc 1$\frac{1}{8}$ ℞ de chacun,l'equation ſera entre 28125,& 1$\frac{7}{8}$ ℞ : ò diuiſant 28125 par 1$\frac{7}{8}$, le nombre 15000, ſera la valeur de 1 ℞, qui eſt le nombre des Allemans ; & partant les François & Allemans feront enſemble 40000 , dont la 8 partie eſt 5000 pour le nombre des Anglois : & toute l'armee ſera de 45000 hommes.

17 *Il y a vn quarré duquel le diametre, & le coſté enſemble font 6 : trouuer iceux coſté & diametre.*

Soit poſé le coſté 1℞, & partant le diametre 6—1℞. Et pource que le quarré du diametre eſt double du quarré du coſté : & le quarré du coſté eſt 1q ; & le quarré du diametre eſt 36—12℞+1q, il y aura equa-tion entre 2q, & 36—12℞+1q : & oſtãt 1q de chacũ, demeurera equa-tion entre 1q, & 36—12℞ : maintenant la moitié du nombre des ra-cines eſt 6, dont le quarré eſt 36, qui adiouſtez à 36, viennent 72, dont la racine eſt √72, de laquelle eſtant oſtee la ſuſdite moitié 6, reſtera √72—6, pour la valeur de 1℞, & autant ſera le coſté du quarré : lequel eſtant oſté de 6, reſtera 12—√72 pour le diame-tre.

18 *Il y a vn autre quarré duquel le diametre ſurpaſſe le coſté de 3 : trouuer leſdits coſté & diametre.*

Pour le coſté ſoit poſé 1℞, & partant le diametre ſera 1℞+3. Et pource que le quarré du diametre eſt double du quarré du coſté ; & le quarré du coſté eſt 1q ; & le quarré du diametre 1q+6℞+9. L'e-quation ſera entre 2q, & 1q+6℞+9 ; & oſtant 1q de chacun, reſtera l'equation entre 1q, & 6℞+9. La moitié du nombre des racines eſt 3, dont le quarré eſt 9, qui adiouſté à 9, faict 18, dont la racine eſt √18, à laquelle ſoit adiouſté la ſuſdite moitié 3, & ſera √18+3, valeur de 1℞, qui eſt pour le coſté du quarré : & partant le diametre ſe-ra √18+6.

19. *Il y a vn quarré duquel le coſté multiplié par le diametre faict 10 : trou-uer leſdits coſté & diametre.*

Soit poſé le coſté de 1℞ : & partant le diametre ſera $\dfrac{10}{1℞}$. Car 1℞ multiplicé par $\dfrac{10}{1℞}$ faict 10, lequel nombre eſt quotient, ſi 10 eſt di-uiſé par 1℞. Et ainſi le quotient multiplié par le diuiſeur 1℞, produit le nombre diuiſé 10. Et pource que le quarré du diametre eſt dou-ble du quarré du coſté, ſçauoir eſt de 1q, & le quarré du diametre eſt $\dfrac{100}{1q}$, il y aura equation entre 2q & $\dfrac{100}{1q}$, laquelle par

la multiplication en croix fera reduitte à celle d'entre 2qq, & 100.
Diuifant donc 100 par 2, viendra 50, valeur de 1qq: & 1℞ fera √ √
50. pour le cofté. Et pource que le diametre a efté pofé $\frac{10}{1℞}$, c'eft à

dire 10 diuifez par 1℞: fi on diuife 10 par √ √ 50, fçauoir eft par la valeur de 1℞, viendra au quotient √ √ 200 pour le diametre.

20. *Il y a vn rectangle, duquel l'aire eft* 80, *& la difference des coftez eft* 2:
trouuer le diametre, & les coftez d'iceluy rectangle.

Soit pofé le moindre cofté de 1℞ ; & partant le plus grand fera 1℞
+2. Ces coftez multipliez entr'eux font l'aire 1q+2℞. egal à l'aire
donné 80. Oftant donc 1℞ de chacun, l'equation fera entre 1q. &
80 — 2℞. La moitié du nombre des racines eft 1, dont le quarré eft
1, qui adioufté à 80, fera 81, dont la racine quarrée eft 9, de laquelle
oftant la fufdite moitié 1, reftera 8, eftimation de 1℞. pour le moindre cofté. Donc le plus grand fera 10, excedant iceluy de 2. Iceux
coftez multipliez entr'eux produifent 80 aire donné, & les deux
quarrez des coftez font 64 & 100, egaux au quarré du diametre : & partant le quarré du diametre fera 164, & iceluy diametre √ 164.

21. *Il y a vn rectangle duquel le diametre eft* 30, *& la fomme des coftez* 42:
trouuer iceux coftez, & l'aire du rectangle.

Soit pofé vn cofté de 1℞. & partant l'autre 42—1℞. Leurs quarrez feront 1q, & 1764—84℞+1q, qui font enfemble egaux au quarré
du diametre. Parquoy l'equation fera entre 2q+1764—84℞ &
900. Et adiouftant 84℞ à chacun, elle fera entre 84℞ + 900, & 2q
+1764. Et oftant 900 de chacun, reftera equation entre 84℞, &
2q + 864. Et derechef oftant 864 de chacun, elle fera entre 2q, &
84℞—864. Et diuifant tout par 2, l'equation viendra entre 1q & 42
℞—432. La moitié du nombre des racines eft 21, dont le quarré eft
441, duquel oftant 432, reftera 9, dont la racine quarrée eft 3, qui
adiouftée à la fufdite moitié 21, viendra 24, pour le plus grand cofté: & partant reftera 18 pour le moindre: & iceux coftez multipliez
entr'eux, produifent 432 pour l'aire du rectangle.

Vn marchant eftant allé traffiquer à trois foires; il a autant gaigné à la pre-
miere qu'il y auoit porté d'argent, tellement qu'apres cefte premiere negotia-
tion il auoit le double de fon argent: à la feconde fon gain eftoit 6 liures da-
uantage que la racine quarree de ce double; mais à la troifiefme fon gain eftoit
4 liures dauantage que le quarré du gain faict à la feconde fois: & apres tou-
tes ces negotiations, il trouue qu'il a gaigné à ces trois foires 1786 *liures. On*

M

demandé quelle somme d'argent ce marchand auoit au commencement, & combien il a gaigné à chaque foire?

Suppofons qu'à la feconde foire il ait gaigné 1℞ : dõc puis que ce gain eft 6 dauantage que la racine quarree du double de ce qu'il auoit porté ou gaigné à la premiere foire, fi nous multipliõs 1℞—6 en foy, viendront 1q—12℞+36, pour iceluy double; & pourtãt le gain de la premiere foire fera $\frac{1}{2}$q—6℞+18 : mais le gain de la troifiefme eft 4 dauantage que le quarré du gain de la feconde que nous auons pofé eftre 1℞ : donc iceluy gain fera 1q+4. Adiouftons ces trois gains enfemble 1q+4,1℞, & $\frac{1}{2}$q—6℞+18, & viẽdront 1$\frac{1}{2}$q—5℞ +22 pour tous lefdits gains, qui partant font egaux à 1786. Oftons de part & d'autre 22, & l'equation viendra entre 1$\frac{1}{2}$q—5℞, & 1764; adiouftons les 5℞, & nous aurons l'equation entre 1$\frac{1}{2}$q, & 5℞ + 1764. Puis à caufe de la fraction reduifons & multiplions en croix, & l'equation viendra entre 3q, & 10℞+3528 : & diuifons tout par 3, viendra equation entre 1q, & $3\frac{1}{3}$℞+1176. Maintenant prenõs la moitié du nombre des racines, qui fera $\frac{5}{3}$, & fon quarré $\frac{25}{9}$ ou $2\frac{7}{9}$, qui adiouftez au nombre abfolu 1176, font $1178\frac{7}{9}$, dont la racine quarree eft $34\frac{1}{3}$, à laquelle feroit adiouſté la moitié des racines, ſçauoir $\frac{5}{3}$, & nous aurõs 36 pour la valeur d'vne racine. Parquoy la fomme du gain faict à la feconde foire fera 36 liures; & puis qu'elle vaut 6 liures dauantage que la racine quarree du double de la fomme gaignee à la premiere foire , oftons 6 liures , & refterons 30, dont le qnarré 900, eft le double de la fomme, tant de l'argent porté à la premiere foire, que du gain fait à icelle, parquoy le marchãd auoit porté 450 liures à ladite foire, & y gaigna autant. Mais puis que le gain faict à la troifiefme foire eft 4 liures dauantage que le quarré de la fomme du gain faict à la feconde, multiplions le gain 36 en foy, & viendront 1296, à quoy adiouftons 4 , & nous aurons 1300 liures pour le gain faict à ladite troifiefme foire: & que cela foit, ad- iouftons enfemble tous ces trois gains 450,36 & 1300 liures; vien- dront 1786. liures pour tout le gain faict aux trois foires fufdites, ainfi que veut la propofition.

23. *Il y a ̃vn quarré duquel le cofté multiplié par la difference d'entre ice- luy cofté, & le diametre faict 15 ; trouuer le diamettre, & le cofté dudiçt quarré.*

Soit pofé le cofté de 1℞, & partant la difference d'entre le cofté & le diametre fera $\dfrac{15}{1℞}$, laquelle eft trouuée diuifant 15 par 1℞, ſçauoir eft afin que le quotient multiplié par le diuifeur 1℞, pro dui-

se le nombre diuisé 15. Et pource que le diametre excede le costé de ceste differance, le diametre sera 1℞+$\frac{15}{1℞}$. Et d'autant que

le quarré du diametre est double du quarré du costé; & le quarré d'i-
celuy costé est $1q$, & le quarré du diametre est $\frac{1qq+30q+225}{1q}$, il y au-

ra equation entre $2q$, & $\frac{1qq+30q+225}{1q}$, qui par multiplication en

croix sera reduite à l'equation d'entre $2qq$, & $1qq+30q+225$. Ostant
donc $1qq$ de chacun, l'equation sera entre $1qq$, & $30q+225$. La moitié du nombre des quarrez est 15, dont le quarré est 225, qui adiou-
sté à 225, vient 450, dont la racine quarree est $\sqrt{450}$, à laquelle adioustant la susdite moitié 15, viendra $\sqrt{450}+15$ pour $1q$; & partant
1℞ sera $\sqrt{(\sqrt{450}+15)}$: & autant est le costé requis, dont le quarré
$\sqrt{450}+15$ estant doublé donnera $\sqrt{1800}+30$, pour le quarré du
diametre; & partant iceluy diametre sera $\sqrt{(\sqrt{1800}+30)}$, duquel
estant soustrait le costé, restera la difference $\sqrt{(\sqrt{1800}+30)}-\sqrt{}$
$(450+15)$, qui multipliee par le costé $\sqrt{(\sqrt{450}+15)}$ sera produit le
nombre 15.

24 *Deux hommes mettant leur argent ensemble, la somme est 200 escus,*
mais diuisant l'argent du second par celuy du premier, le quotient est $1\frac{1}{2}$: Il
faut trouuer l'argent de chacun.

Soit posé 1℞ pour le premier, & pour le second 1A: il faut donc
resoudre la seconde racine en premiere ainsi. Pource que les deux
ensemble ont 200 escus; il y aura equation entre 1℞+1A, & 200.
Ostant 1℞ de chacun, restera l'equation entre 1A, & 200,—1℞:
donc 1A sera reduite en 200—1℞. Parquoy ie pose derechef le
nombre du premier estre 1℞, & celuy du second 200—1℞, qui font
ensemble 200 escus. Ie diuise maintenant le nombre du second

par celuy du premier, & vient $\frac{200-1℞}{1℞}$ egal à $1\frac{1}{2}$, laquelle equa-

tion, par la multiplication en croix, sera reduite à l'equation d'entre
400—2℞, & 3℞. Et adioustant 2℞ à chacun, l'equation sera entre
400 & 5℞: diuisant donc 400 par 5, le quotient sera 80 pour le
nombre du premier: & partant le second aura 120, qui diuisez par
80, le quotient est $1\frac{1}{2}$.

25. *Trois hommes ayans de l'argent, le premier dit aux deux autres, que*
s'il auoit encore 100 escus, il auroit autant qu'eux: le second dit aussi aux

deux autres, que s'il auoit encore 100 *escus il auroit le double de leur argent: pareillement le troisiesme dit aux deux autres, que s'il auoit encore* 100 *escus, il auroit le triple de leur argent: sçauoir combien à chacun.*

Soit posé l'argent du premier estre 1℞: donc auec 100, il aura 1℞+100, & autant sera la somme du second & troisiesme, & tous les trois auront 2℞+100. Soit posé la somme du second estre 1A: Donc auec 100, il aura 1A+100, lequel nombre est double de la somme du premier & tiers, laquelle est 2℞+100—1A: (Pource que ayans tous trois 2℞+100, si on oste 1A, c'est à sçauoir l'argent du second, restera 2℞+100—1A pour la somme du premier & troisiesme.) Partant il y aura equation entre 1A+100, & 4℞+200—2A. Et adjoustant 2A à chacun, l'equation sera entre 3A+100, & 4℞+200: & ostant 100 de chacun, demeurera l'equation entre 3A, & 4℞+100. Si donc les touts sont diuisez par 3, l'equation viendra entre 1A, & $\frac{4}{3}$℞+$\frac{100}{3}$. Finalement la somme du tier soit posée estre 1B. Donc auec 100, il aura 1B+100, qui est nombre triple de la somme du premier & second, laquelle est $\frac{7}{3}$℞+$\frac{100}{3}$, composée de 1℞ somme du premier, & $\frac{4}{3}$℞+$\frac{100}{3}$ somme du second: Il y aura donc equation entre 1B+100, & $\frac{21}{3}$℞+$\frac{100}{3}$; c'est à dire entre 1B+100, & 7℞+100, & ostant 100 de chacun, l'equation sera entre 1B, & 7℞: & partant la somme du tier, qui a esté posée 1B, sera 7℞. Parquoy puis que le premier a 1℞, le second $\frac{4}{3}$℞+$\frac{100}{3}$; & le tier 7℞; tous les trois ensemble auront 9$\frac{1}{3}$℞+$\frac{100}{3}$. Mais tous les trois auoient aussi 1℞+100: Il y a donc equation entre 9$\frac{1}{3}$℞+$\frac{100}{3}$, & 2℞+100: & ostant 2℞ de chacun, restera equation entre 7$\frac{1}{3}$℞+$\frac{100}{3}$, & 100: & ostant derechef $\frac{100}{3}$, c'est à dire 33$\frac{1}{3}$ de chacun, demeurera equation entre 7$\frac{1}{3}$℞, & 66$\frac{2}{3}$: diuisant donc 66$\frac{2}{3}$ par 7$\frac{1}{3}$, viendra 9$\frac{1}{11}$ pour 1℞, somme du premier: & le second ayant 1$\frac{1}{3}$℞+33$\frac{1}{3}$, aura 45$\frac{5}{11}$: & le tier ayãt 7℞, aura 63$\frac{7}{11}$. Car ainsi le premier auec 100, aura 106$\frac{1}{11}$, egale à la somme du secõd & tier; & le second auec 100, aura 145$\frac{5}{11}$, qui est le double de la somme du premier & tier: & finalement le tier auec 100, aura 163$\frac{7}{11}$, qui est le triple de la somme du 1 & 2.

Or i'estime que ces 25 questions ioinctes aux preceptes precedens, peuuent suffire pour l'intelligence de la doctrine Algebraique, que nous nous estions proposé d'enseigner en ce traicté; c'est pourquoy nous ne nous arresterons dauantage sur ce sujet.

Fin du traicté de l'Algebre.

www.ingramcontent.com/pod-product-compliance
Lightning Source LLC
Chambersburg PA
CBHW050602210326
41521CB00008B/1080